"十三五"普通高等教育规划教材

静态网页制作技术教程

（HTML/CSS/JavaScript）

任长权　李可强　闫鹏飞　主　编

耿清甲　许　娜　李玉霜　副主编

李密生　高振波　孙　爽　参　编

李玉香　主　审

中国铁道出版社有限公司

CHINA RAILWAY PUBLISHING HOUSE CO., LTD.

内 容 简 介

本书结合互联网行业对 Web 前端开发的需求，详细介绍了 HTML、CSS、JavaScript 三项静态网页制作的核心技术。本书从 Web 站点建设开始讲起，继而提出网页的基本概念和设计思想，接着详细介绍网页设计的基本描述语言 HTML 和 CSS、JavaScript 脚本编程语言。

本书针对不同知识点的具体应用，提供相应任务范例，详细介绍任务的操作步骤及原理。内容编排结构合理，讲解由浅入深、循序渐进，具有较强的可读性和可操作性，可以在很大程度上提高读者的实践水平。

本书适合作为高等院校本科"网页制作""网站开发与实践""Web 前端开发"等课程的教材，也可作为高职高专相关专业教材，还可作为初学者在短时间内迅速掌握静态网页设计方法的基础参考书。

图书在版编目（CIP）数据

静态网页制作技术教程：HTML/CSS/JavaScript/任长权，李可强，闫鹏飞主编. —北京：中国铁道出版社，2017.9（2022.12重印）

"十三五"普通高等教育规划教材

ISBN 978-7-113-23399-0

Ⅰ.①静… Ⅱ.①任… ②李… ③闫… Ⅲ.①超文本标记语言-程序设计-高等学校-教材②网页制作工具-高等学校-教材③JAVA 语言-程序设计-高等学校-教材 Ⅳ.①TP312.8②TP393.092.2

中国版本图书馆 CIP 数据核字（2017）第 196979 号

书　　名：静态网页制作技术教程（HTML/CSS/JavaScript）

作　　者：任长权　李可强　闫鹏飞

策　　划：王春霞　　　　　　　　　　编辑部电话：（010）63551006

责任编辑：王春霞　卢　笛

封面设计：刘　颖

责任校对：张玉华

责任印制：樊启鹏

出版发行：中国铁道出版社有限公司（100054，北京市西城区右安门西街 8 号）

网　　址：http://www.tdpress.com/51eds/

印　　刷：三河市宏盛印务有限公司

版　　次：2017 年 9 月第 1 版　　2022 年 12 月第 3 次印刷

开　　本：787mm×1 092mm　1/16　印张：14　字数：339 千

书　　号：ISBN 978-7-113-23399-0

定　　价：33.00 元

前 言

随着 Web 技术的飞速发展和普及，网页成为当今社会最主要的信息传播载体之一。各种机构、企业甚至个人纷纷在 Internet 上建立主页、网站，以展示自己的形象，扩大企业的影响，甚至在 Internet 上从事电子商务活动等。作为互联网最基本也是最重要的技术之一的网页制作技术也自然为人们所重视。从高等院校、中等职业院校到社会技术培训机构都在开展网页制作技术的学习和培训，计算机专业、信息管理专业、电子商务专业以及其他相关专业开设了网页设计与制作的相关课程，以满足社会对这方面人才的需求。

网页编程语言和网页开发工具层出不穷，网页内容经历了从单一的文字信息到多种媒体信息共存，从静态方式到动态方式的发展过程。面对众多的网页制作工具软件及相关知识，作为高等院校计算机专业、电子商务专业、信息管理专业和相关专业的基本技能培养课程——网页制作，其教学内容选择和教材结构组织显得尤为重要。作为计算机专业及相关专业的核心课程，网页设计与制作课程的教学目标是要让学生掌握专业人才水平的技能，而非仅仅停留在掌握一般网页制作软件使用的要求上。

现在，通过 HTML、CSS、JavaScript 等技术相结合进行网页制作已经形成流行的客户端（浏览器端）技术。在网页制作中，HTML 用于设计页面的整体结构以及页面元素的表现形式，在 Internet 发展的初期只需使用 HTML 就可完成客户端界面。而随着网页技术的发展，CSS、JavaScript 的出现，打破了网页设计的呆板性，使网页元素表现更加丰富，而且网页由静态向动态方面发展。HTML 语言是搭建网页的最基础语言，因其实用、简单等特点而快速地被广大爱好者所接受。随着 Dreamweaver 等网页制作工具的出现以及不断完善，网页制作越来越简便易行。现在越来越多的人已经逐渐忽略了 HTML 的学习，而直接使用网页制作工具制作网页。实际上，没有良好的 HTML 语言基础，再强大的网页制作工具都只能是空中楼阁，发挥不出其应有的作用，而且读者在学习这些网页制作工具的操作时会困难重重，对在实际制作中出现的问题不知所措，所以掌握 HTML 是必要的。之后可以结合 CSS 和 JavaScript 技术使网页更加精彩。基于这个思想，多位计算机专业教师经过充分交流、讨论和研究，在结合多年教学实践的基础上，编写了这本内容深度适中、覆盖面较全、易于教学的网页设计与制作教材。

本书先介绍与网页制作相关的网络知识，再从网页制作的基础 HTML 开始介绍网页制作，可以使学生在使用工具软件制作网页时更好地理解其实质；接着学习使用 CSS 控制页面布局和 JavaScript 脚本语言编程。全书内容安排从易到难，从基础理论到技巧，力求符合学生的认知规律，实现循序渐进的学习效果。编者根据多年的经验，在书中列举了大量的实例，在讲解时对每个操作过程的每个步骤都有详细说明，并配有相关的图片，以方便读者直观地理解相关的知识点。本书采用"任务驱动"模式编写，每单元分解成若干任务。在学习过程中，分别完成这些任务。教、学、做紧密结合，课本知识为任务服务。任务完成后，通过"任务完成评价表"考核学生的能力水平，表中评价3、2、1分别代表能力考核结果为优秀、良好、合格。

本书的编者及主审人员均来自河北科技师范学院和秦皇岛职业技术学院。本书由任长权、李可强、闫鹏飞任主编，耿清甲、许娜、李玉霜任副主编，李密生、高振波、孙爽参与编写，李玉香教授主审。具体分工如下：闫鹏飞、高振波撰写单元一，李可强、李密生撰写单元二，任长权撰写单元三，耿清甲、李玉霜撰写单元四，许娜、孙爽撰写单元五。

在本书编写过程中，各位编者付出了艰辛的劳动，书中参考、借鉴了同类教材和专著，在此一并表示感谢。

由于编者水平有限，加之写作时间仓促，书中难免有不足之处，恳请读者提出宝贵意见和建议。

编　者
2017 年 5 月

目 录

IIS 下 Web 站点发布

IIS（Internet Information Server，Internet 信息服务）在 Intranet（企业网络）、Internet 或 Extranet 上提供了集成、可靠、安全和可管理的 Web 服务器功能，很多不同规模的网站都是使用 IIS 来管理 Internet 或 Intranet 上的网页。通过本单元的学习，读者将学会通过 IIS 创建一个代表公司或个人工作室的网站。

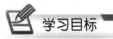 学习目标

☑ 安装 IIS
☑ 配置 Web 站点
☑ 编写简单的 HTML 网页
☑ 发布 Web 站点

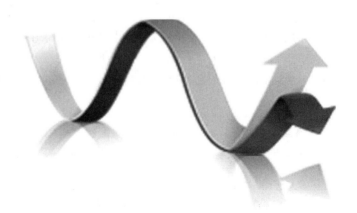

任务一　配置 Web 站点

任务描述

Internet 的飞速增长，使得现有的大部分企业都有了自己的 Web 站点，通过 Web 站点宣传企业形象是一个投资小、见效快的有效方式，结合一些网站宣传手段，可以收到意想不到的效果。

信达商贸公司为了向用户展示产品，拓展业务，树立现代企业形象，决定在互联网上建立自己的网站，让更多人了解自己的企业，使企业能够提升一定的公众知名度。本任务将详细描述如何建立 Web 站点。

任务分析

如何能让互联网上的用户浏览到我们自己计算机上的网页？这就要用到 Web 服务器。Web 服务器是在网络中为实现信息发布、资料查询、数据处理等应用而搭建的基本的服务器平台。Web 服务器上存放了很多 HTML 文件，这些 HTML 文件都是用 HTML（HyperText Markup Language，超文本置标语言）编写的，用户可以使用浏览器通过 HTTP（HyperText Transfer Protocol，超文本传输协议）访问这些页面。

IIS 作为当今流行的 Web 服务器产品之一，提供了强大的 Internet 和 Intranet 服务功能，很多网站都是建立在 IIS 平台上。IIS 融入 Windows 操作系统内核之中，提供了一个图形界面的管理工具，可用于配置和控制 Internet 服务，使构建一个 Internet 网站更轻松易行。

方法与步骤

本任务以 Microsoft Windows 7 系统为例（以下简称 Windows 7），介绍 Web 站点的配置方法。Windows 7 中的 IIS 组件版本为 7，它比 Windows 2003 Server 下的 IIS 更加安全。

IIS 服务器配置

1. 安装 IIS

（1）默认情况下，Windows 7 系统中是没有安装 IIS 6 的，所以需要手动安装这个组件，选择"开始"|"控制面板"|"程序"|"程序和功能"命令来卸载或更改程序界面，单击"打开或关闭 Windows 功能"按钮进入"Windows 功能"界面，找到"Internet 信息服务"选项，如图 1-1-1 所示。

> ☞**重点提示**：Windows XP 操作系统也可以通过同样的方法安装 IIS，但是其并不适合作为 Web 服务器。推荐用户选择 Windows 2000 Server 以上操作系统做服务器。

（2）选择"Internet 信息服务"选项，确定是否安装 IIS 及其相关工具。单击"Internet 信息服务"选项右边的"+"，将"FTP 服务器""Web 管理工具"和"万维网服务"中的选项全部选中，如图 1-1-2 所示。

图 1-1-1   "Windows 功能"界面   图 1-1-2   选择 "Internet 信息服务"及其配置工具

（3）单击"确定"按钮，系统会对 Internet 信息服务进行安装，其间可能会需要等待几分钟，如图 1-1-3 所示。

图 1-1-3   安装 IIS

（4）安装成功后，通过选择"开始"|"控制面板"|"管理工具"|"Internet 信息服务（IIS）管理器"选项打开"Internet 信息服务（IIS）管理器"窗口，如图 1-1-4 所示。

2. **测试 IIS**

（1）在"Internet 信息服务（IIS）管理器"窗口中选择"计算机名"（名称因计算机设置不同而不同）|"网站"|"Default Web Site"选项，单击右侧"操作"列表中"管理网站"区域的"启动"按钮，如图 1-1-5 所示。

图 1-1-4　"Internet 信息服务（IIS）管理器"窗口

图 1-1-5　启动 IIS 管理器

（2）打开浏览器，然后在地址栏输入本计算机的地址，如 http://ren/、http://localhost/或 http://127.0.0.1/，看看能否打开 IIS 的默认网页。

> 🖙 **重点提示**：此处，ren 为本机主机名，localhost 代表本地主机，127.0.0.1 是计算机的 IP 地址（若计算机位于局域网中，可以向管理员询问 IP 地址）。

（3）如果浏览器能够成功打开图 1-1-6 所示的 IIS 默认网页，则 IIS 安装成功。

图 1-1-6　IIS 默认页

3. 配置站点

（1）双击"控制面板"窗口的"管理工具"图标，再双击"Internet 信息服务（IIS）管理器"选项，打开图 1-1-7 所示的窗口，单击计算机名称前面的小箭头，选择"网站"|"Default Web Site"选项，在中间区域选择"ASP"选项，单击"操作"列表下的"打开功能"按钮，在"ASP"界面中将"启用父路径"设置为"True"，如图 1-1-8 所示。

Web 站点发布

图 1-1-7　"Internet 信息服务（IIS）管理器"窗口

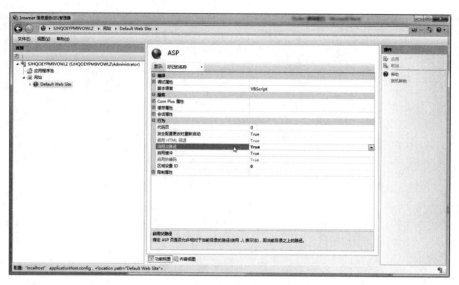

图 1-1-8　设置父路径

（2）在"Default Web Site 主页"界面单击右侧"操作"列表中"管理网站"区域的"高级设置"按钮，在"高级设置"对话框中可以设置网站的物理路径，如图 1-1-9 所示。

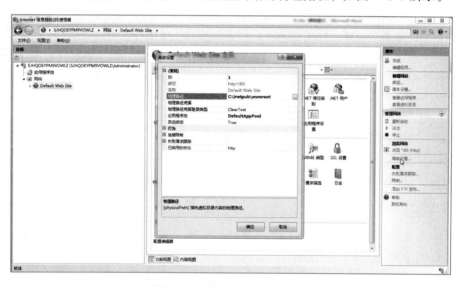

图 1-1-9　设置网站物理路径

> **重点提示**："物理路径"指的是网址对应的实际路径，默认为 C:\Inetpub\wwwroot，用户可以根据需要更改，只要将网页存放在该目录中，其他用户就可以通过输入 IP 地址浏览网页。

（3）返回"Default Web Site 主页"界面，单击右侧"操作"列表中的"绑定"按钮，选中要绑定的网站，单击"编辑"按钮。如果是同一台计算机，只修改后面的端口号即可，数字可以随意修改。如果是办公室局域网，单击"IP 地址"的下拉列表框，选择本机的局域网 IP，如192.168.**.**，然后修改端口号，如图 1-1-10 所示。

图 1-1-10　网站绑定

> **重点提示**：若计算机不在局域网中，IP 地址是 127.0.0.1；若计算机位于局域网中，但没有指定固定 IP 地址，计算机会自动分配 IP 地址；若计算机有固定的 IP 地址，说明网络管理员分配了 IP 地址。

（4）选择"Default Web Site 主页"界面中的"默认文档"选项设置网站首页，可以看到站点默认的首页名称为 Default.htm、Default.asp 及 iisstart.htm 等。若要新增默认文档，可单击右侧的"添加"按钮；要删除已有的默认文档，选中该文档后，单击"删除"右侧的按钮；也可以通过"上移"或"下移"按钮调整文档次序，如图 1-1-11 所示。

图 1-1-11　"默认文档"界面

（5）网站设置完成，其他用户在浏览器地址栏中输入 http://Web 服务器 IP 地址，如果主目录中存在同名默认文档，即可打开对应页面。

相关知识

1．WWW 服务

WWW 是 World Wide Web 的英文缩写，译为"万维网"，是 Internet 的一种最具活力的服务形式，也称为 Web 服务。WWW 提供的信息形象、丰富，支持多媒体信息服务，是组织机构、个人在网上发布信息的主要形式。用户使用基于图形界面的浏览器访问 WWW 服务，易学易用，只要单击鼠标，就能进入引人入胜的网络世界，获取丰富的信息。

WWW 基于客户机/服务器模式，其中客户机就是 Web 浏览器，服务器指的是 Web 服务器。Web 浏览器将请求发送到 Web 服务器，服务器响应这种请求，将所请求的页面或文档传送给 Web 浏览器。

图 1-1-12 所示为 Web 浏览器从 Web 服务器获得 Web 文档的过程。在 UNIX 和 Linux 操作系统下广泛使用的 HTTP 服务器是 W3C、NCSA 和 APACHE 服务器，而 Windows 操作系统下使用的是 IIS。一些比较优秀的 Web 浏览器有 Microsoft Internet Explorer、Mozilla Firefox、Netscape Navigator、Avant Browser 等。

图 1-1-12　WWW 访问过程

2．HTTP

HTTP 是 Web 服务应用的核心协议，默认端口为 80，它定义了 Web 浏览器向 Web 服务器发送 Web 页面请求的格式，以及 Web 页面在 Internet 上传输的方式。

3．IP 地址

IP 地址是识别 Internet 中的主机及网络设备的唯一标识。每个 IP 地址通常可分为网络地址和主机地址两部分，长度为 4 个字节，由 4 个以"·"分隔的十进制整数组成，如 192.168.0.1。

4．域名

IP 地址是联网计算机的地址标识，但是对于大多数人来说，记住很多计算机的 IP 地址并不是很容易的事，所以，TCP/IP 协议中提供了域名服务系统（DNS），允许为主机分配字符名称，即域名，在网络通信时，由 DNS 自动解析实现域名与 IP 地址的转换。

5．统一资源定位符 URL

WWW 的信息分布在全球，要找到所需信息就必须统一说明该信息存放在哪台主机哪个路径下的定位信息。统一资源定位符（Uniform Resource Locator，URL）就是用来确定信息位置的工具。

URL 的概念实际上并不复杂，就像指定一个人要说明他的国家、地区、城镇、街道、门牌号一样，URL 指定 Internet 资源要说明它位于哪台计算机的哪个目录中。通过 URL 定义资源位置的抽象标识来定位网络资源，其格式如下：

`<信息服务类型>://<信息资源地址>/<文件路径>`

<信息服务类型>是指 Internet 的协议名，包括 FTP（文件传输协议）、HTTP（超文本传输协议）、Gopher（Gopher 服务）、Mailto（电子邮件协议）、Telnet 协议（远程登录服务）、NewS（网络新闻服务）、WAIS（检索数据库信息服务）。

<信息资源地址>指定一个网络主机的域名或 IP 地址。在特殊情况下，主机域名后要加上端口号，域名与端口号之间用冒号（:）隔开。这里的端口号是操作系统用来辨认特定信息服务的软件端口。一般情况下，服务器程序采用标准的保留端口号，因此，用户在 URL 中可以省略。以下是 URL 的一些例子：

- http://www.sohu.com
- telnet://www.sina.com
- ftp://ftp.w3.org/pub/www/doc
- mailto:123456@126.com

拓展与提高

1. 虚拟目录

每个 Internet 服务都可以从多个目录中发布，可将每个目录定位在本地驱动器或网络上。虚拟服务器可拥有一个宿主目录和任意数量的其他发布目录，其他发布目录称为虚拟目录。

使用 Internet 信息服务（IIS）管理器，可以为 Web 应用程序创建虚拟目录。虚拟目录在客户端浏览器上显示时，就好像包含在 Web 服务器的根目录中，即使它实际驻留在另外某个位置。

2. 通过虚拟目录搭建站点

通过虚拟目录，可以发布不位于 Web 服务器根文件夹下的 Web 内容，如位于远程计算机上的内容。这也是一种为本地 Web 开发工作设置站点的方便方法，因为它不需要唯一的站点标识，这意味着它比创建唯一站点所需要的步骤少。

虚拟目录应用

若要创建虚拟目录，必须已在 Web 服务器上创建了一个网站。在安装过程中，IIS 会在计算机上创建一个默认网站。如果尚未创建自己的站点，则可以在默认网站下创建虚拟目录。具体步骤如下：

（1）打开 "Internet 信息服务（IIS）管理器" 窗口。

（2）右击已经建好的默认网站。在弹出的快捷菜单中，选择 "添加虚拟目录" 命令，弹出 "添加虚拟目录" 对话框，如图 1-1-13 所示，在 "别名" 文本框中输入要创建的站点别名 myweb。

（3）在 "物理路径" 文本框中设置包含此网站内容的目录。此处，单击 "浏览" 按钮打开 "浏览文件夹" 对话框，选择网站所在目录 E:\wwwroot，然后单击 "确定" 按钮。

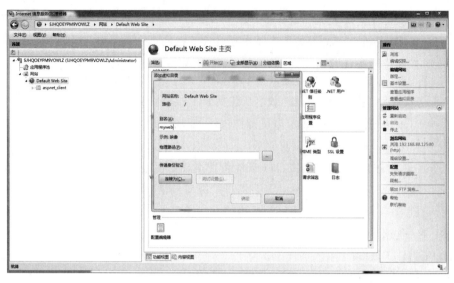

图 1-1-13　设置虚拟目录别名

（4）单击"确定"按钮，完成虚拟目录的创建操作，如图 1-1-14 所示。

图 1-1-14　设置虚拟目录物理路径

（5）此时，打开 IE 浏览器，在地址栏中输入"IP 地址+虚拟目录名称+要访问页面名称"，测试网站是否发布成功。例如，输入 http://127.0.0.1/myweb/index.html，如果能打开访问网页，则表示通过虚拟目录搭建站点成功。

技能训练

熟悉 IIS 的环境。练习配置站点的操作步骤。

任务完成

（1）配置站点主目录为 D:\myweb，默认文档为 default.htm。

（2）在站点主目录下建立虚拟目录 mypage、myimg、mycss。

（3）设置 IP 地址为 127.0.0.1。

评 价

任务完成评价表					
职业能力	内　　　容		评　　　价		
	能力目标	评价项目	3	2	1
	站点配置	能合理规划站点			
		能正确配置站点参数			
通用能力	欣赏能力				
	独立构思能力				
	解决问题的能力				
	自我提高的能力				
	组织能力				
综合评价					

思考与练习

1. 简述构建 Web 站点的步骤。

2. 在 IIS 下搭建个人网站并访问站点。

3. 简述虚拟目录在 Web 服务器中的作用。

任务二　发布 Web 站点

任务描述

网络管理员已经为信达商贸公司配置好了 Web 站点，要通过该站点宣传企业，还必须将企业信息制作成网页，并通过该网站发布。网页设计人员打算设计一个简单的公司主页，测试发布该企业 Web 站点。本任务将详细描述如何编辑一个简单的 HTML 页面，发布并访问该 Web 站点。

任务分析

网页是一种存储在 Web 服务器上，通过 Web 进行传输并被浏览器解析和显示的 HTML 文件。HTML 文件是一种文本文件，可以通过简单的文本编辑器（如记事本）或可视化编辑工具（如 Dreamweaver）编辑，然后将其存储在 Web 服务器的虚拟目录中，其他用户可以使用浏览器通过 HTTP 访问这些网页。

方法与步骤

1. 使用记事本编写一个简单的 HTML 页

（1）选择"开始"｜"程序"｜"附件"｜"记事本"命令，打开记事本程序，如图 1-2-1 所示。

图 1-2-1　"记事本"程序

（2）在记事本中输入如下 HTML 代码：

```
<html>
 <head>
    <title>web 站点测试页</title>
 </head>
 <body>
    <h2>公司首页</h2>
  <hr>
  <p>本网站正在建设中！</p>
 </body>
</html>
```

（3）从记事本菜单中选择"文件"｜"保存"命令，弹出"另存为"对话框。在对话框中选择保存位置，将文件名设置为 index.html，单击"保存"按钮，如图 1-2-2 所示。

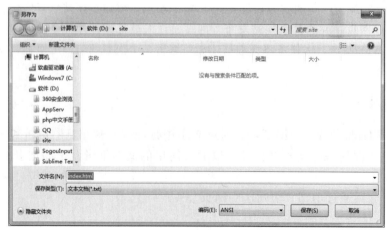

图 1-2-2　"另存为"对话框

　　重点提示：此处，设置保存位置为 D:\site（读者可根据自己的习惯选择其他路径），稍后为了发布网页，我们会将该目录设置为虚拟目录。对保存位置无任何特殊要求，读者可以根据需要设置为任意目录。

　　（4）至此，一个仅包含一个简单网页的 Web 站点设计完毕，接下来就可以将该网站对外发布。

2. 测试站点发布

　　（1）双击"控制面板"窗口中的"管理工具"图标，再双击"Internet 信息服务（IIS）管理器"选项，打开"Internet 信息服务（IIS）管理器"窗口，右击"网站"选项，选择"添加网站"命令，如图 1-2-3 所示。

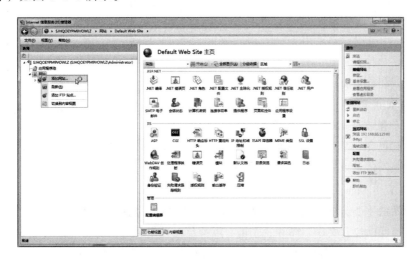

图 1-2-3　"Internet 信息服务（IIS）管理器"窗口

　　（2）在"添加网站"对话框中，输入网站名称，然后确定物理路径（D:\site），选择存放发布后的文件系统的文件夹，端口选择除 80 以外的端口，注意端口也有一定的范围，其他默认，如图 1-2-4 所示。

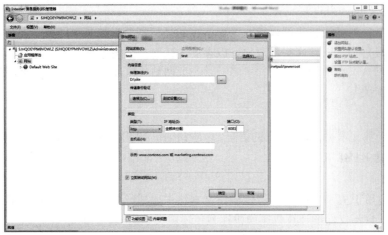

图 1-2-4　输入网站信息

> **重点提示**：发布Web站点其实就是将所有网页文件所在的物理磁盘目录设置为Web服务器上的虚拟目录，这样凡是与该Web服务器相连的浏览器端都可以通过WWW的方式访问该目录下的网页文件。

（3）Web站点发布设置完成，启动网站服务，单击"浏览"按钮，就可打开刚刚设计的页面，如图1-2-5所示。

相关知识

1. WWW（World Wide Web）

图 1-2-5　页面效果

WWW是一种建立在Internet上的、全球的、交互的、多平台的、分布式的信息资源系统，是最主要的Internet应用。它采用HTML语言描述超文本文件，是一种开放式的超文本应用，用户可以通过它查找和检索Internet上的资源。

2. 网站（Web site）

网站是一个存放在Web服务器上的完整信息的集合体，它包含一个或多个网页，这些网页以一定的方式链接在一起，成为一个整体，用来描述一组完整的信息或者达到预期的宣传效果。

3. 网页（Web page）

网页是网站的主要组成部分。制作者可以根据需要将信息按一定的方式分类，放在每个网页上，网页内容可以包含文字、图片、表格、声音及视频信息等。网页可以看成是一个单一体，是网站的一个元素。它是磁盘上的一个文件，是由浏览器下载或格式化的。

4. 主页（home page）

主页又称为首页。它既是一个单独的网页（和一般的网页一样，可以存放各种信息），又是一个特殊的网页，作为整个网站的起始点和汇总点，是浏览者开始浏览一个网站的入口。在主页中，应该给出这个网站的概述、该网站所包含的主要内容和浏览内容的通道。

5. 超链接（hyper link）

超链接是特殊的标识，它可以指向WWW中的任何资源，如一个网页、一个视频文件、网页上的另一个段落等，而且这些资源均可以存放在任何一个服务器上。

超链接是网页页面中最重要的元素之一，一个网站是由多个页面组成，页面之间依据链接确定相互的导航关系。

6. HTML

HTML是一种文本类、解释执行的语言，它是Internet上用于编写网页的主要语言。用HTML编写的文件称为HTML文件。

7. HTTP

HTTP专门用于从WWW服务器传输超文本到本地浏览器，它可以使浏览器更加高效，使网络传输减少。它不仅保证计算机正确快速地传输超文本文档，还确定传输文档中的哪一部分，以及哪部分内容首先显示（如文本优先于图形）等，所以在浏览器中看到的网页地址都是以http://开头的。

拓展与提高

1. HTML 文件

一个完整的 HTML 文件由标题、段落、列表、表格、单词等嵌入的各种对象组成，这些逻辑上统一的对象称为元素，HTML 使用标签来分隔并描述这些元素。整个 HTML 文档就是由元素与标签组成的。

2. 编写 HTML 文件的注意事项

① "<" 和 ">" 是任何标记的开始结束符号，元素的标记要用这对尖括号括起来，并且结束符号总是在开始符号前加一个斜杠。

② 标记可以嵌套使用，如 \\<i>hello\</i>\。

③ 回车和空格在 HTML 源文件中不起作用。

④ HTML 标记中可以设置各种属性，如 \<font size=2 color=red>hello\</font>。

其中 size、color 为属性，属性出现在元素的 < > 内，并且与元素名称间由一个空格分隔，设置格式为 "属性=属性值"。

⑤ HTML 文件源代码的注释符以 "\<!--" 开始，以 "-->"结束。

技能训练

练习站点发布的具体操作过程。

任务完成

（1）建立站点的默认文档 default.htm，存储在 Web 服务器主目录下。

（2）打开 IIS，启动 WWW 服务。

（3）在浏览器端访问测试。

评 价

任务完成评价表					
	内　　容		评　　价		
职业能力	能力目标	评价项目	3	2	1
	站点发布	能熟练根据需要发布站点			
		能更改站点参数设置			
		能编辑简单 HTML 页面			
通用能力	欣赏能力				
	独立构思能力				
	解决问题的能力				
	自我提高的能力				
	组织能力				
综合评价					

思考与练习

1. 简述站点、网页、主页、WWW 之间的关系。
2. 编写简单的 HTML 页面，通过 WWW 方式进行访问。

实训　Web 站点发布

1. 实训目的

（1）掌握规划站点的方法。

（2）掌握利用 IIS 创建并管理本地站点的方法。

2. 软件环境

Windows XP/7、IIS。

3. 实训内容

为信达商贸公司发布 Web 站点，具体要求如下：

（1）站点 IP 地址为 192.163.0.1；

（2）站点根目录为 F:\site，默认文档为 index.html；

（3）发布站点并尝试访问。

4. 评价

实训评价表					
	内　　　　容		评　　　价		
能力目标	评价项目	3	2	1	
职业能力	站点规划	能清晰合理地规划站点结构			
		能合理编排目录结构，层次分明便于维护			
	站点发布	能准确发布站点			
		能够通过 WWW 方式访问所发布的网站			
		能编辑简单 HTML 页面			
	站点管理	能熟练进行服务器参数配置			
		能启动/停止 Web 服务			
		能设置默认文档、站点日志			
通用能力	欣赏能力				
	独立构思能力				
	解决问题的能力				
	自我提高的能力				
	组织能力				
综合评价					

单元二

网页版面设置

设计网页的目的就是要吸引浏览者访问，所以设计网页时必须组织好页面的基本元素。网页的基本组成对象包括文字、图片和超链接，把超链接应用到文字和图片上，就可以使文字与图片"活"起来，运用表格对这些页面元素进行合理布局，就可以制作出排列整齐、美观大方的网页。

 学习目标

- ☑ 编辑文字与图片
- ☑ 应用超链接
- ☑ 运用列表布局页面
- ☑ 运用表格布局页面

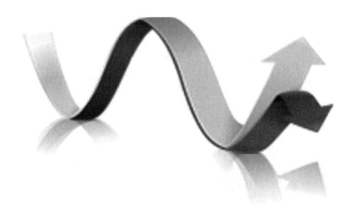

任务一　文字、段落与图片的设定

任务描述

网页的基本组成部分包括文字与图片。制作网页时，首先要主题鲜明，其次要有丰富的内容，这样才能够不断地吸引浏览者进行访问。文字是页面上不可或缺的元素，网站思想、内容的表达都需要文字来实现。同时，适当地配合一些图片，能够提高网页的观赏性。

中华儿童民族网为了让用户能更加方便地了解网站的情况，打算设计网站简介页面，其中包括成长测评、宝宝课堂、父母学校、宝宝商城、育儿问答等图文信息。本任务将介绍如何利用 HTML 标记，实现对上述文字、段落、图片的混合编排。

任务分析

文字是网页的主体，传达各种各样的信息。虽然利用 Flash、图形文字也可以达到同样的效果，甚至超出纯文本效果，但是网页文字的优势还是无法取代的。因为纯文本所占用的存储空间非常小，无论是打印还是复制到自己的文件中都非常方便。在页面上用同样的字体显示，会使页面过于呆板。如果在页面中对文字适当分行、分段并调整文字的大小、颜色等设置就可以改善文字效果。

图片是网页中不可缺少的元素，灵活应用图片，在网页中可以起到点缀的效果，但是如果运用不当，会使得网页变得凌乱不堪。Web 上的图片文件大部分使用 JPG、GIF 和 PNG 几种格式。因为它们除了具有高压缩比之外，还具有跨平台性，无论浏览者使用什么样的操作系统，都能够看到这些类型的图片。

方法与步骤

网页中图片应用

（1）选择"开始"|"程序"|"附件"|"记事本"命令，打开记事本程序。

（2）在记事本中输入如下 HTML 代码：

```html
<html>
  <meta http-equiv="Content-Type" content="text/html; charset=utf-8" />
<body>
  <img src="head.png" width="1000" height="150">
  <br>
    <p align=center ><font size=4>
      <a href=#>成长测评 </a>
      <a href=#>宝宝课堂 </a>
      <a href=#>父母学校 </a>
      <a href=#>宝宝商城 </a>
      <a href=#>育儿问答 </a>
      </font>
  </p>
    <p align="center">中华民族儿童网是第一家专业的为家长儿童提供服务的网络平台，是各
位家长可以依赖的网站。</p>
```

```
<p align="center">我们的服务宗旨：让孩子快乐，让家长放心。</p>
<hr  width=90% color=#dddddd>
<center>中华民族儿童网<br>Copyright &copy; 2015-2016  </center>
</body>
</html>
```

（3）从记事本菜单中选择"文件"|"保存"命令，弹出"另存为"对话框。在对话框中选择保存位置，将文件名设置为 index.html，单击"保存"按钮。

（4）浏览刚创建的网页 index.html，结果如图 2-1-1 所示。

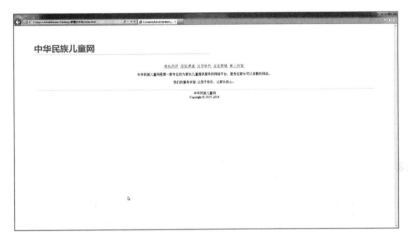

图 2-1-1　index.html 网页页面效果

相关知识

1. HTML 文件的编辑运行环境

学习网页设计，首先必须了解 HTML 语法，它是制作网页所应掌握的最基础的技术，HTML 不是一种程序，它只是一种控制网页中资料显示的置标语言，易学易懂。根据 HTML 语法所写出来的文件称为 HTML 文件，在保存 HTML 文件时，需要保存为纯文本文件，扩展名为.htm 或.html，HTML 文件可以使用任何文本编辑器编写，通过浏览器解释执行。

HTML 文件是运行在 Web 浏览器上的，在使用浏览器运行 HTML 文件时，只需要在地址栏中输入文件的 URL 即可。

2. HTML 文件的基本结构

下面显示的就是一个标准 HTML 文件的基本结构。

```
<html>   HTML 文件开始
<head>   HTML 文件的头部开始
    …    HTML 文件的头部内容
</head>   HTML 文件的头部结束
<body>   HTML 文件的主体开始
    …    HTML 文件的主体内容
</body>   HTML 文件的主体结束
</html>   HTML 文件结束
```

可以看到，HTML 代码分为以下三部分。

<html>…</html>：告诉浏览器 HTML 文件的开始和结束，其中包含<head>和<body>标签。

HTML 文档中所有的内容都应该在这两个标签之间，一个 HTML 文档总是以<html>开始，以</html>结束的。

　　<head>…</head>：HTML 文件的头部标签，其中可以放置页面的标题以及文件信息等内容。通常将这两个标签之间的内容统称为 HTML 的头部。一般来说，位于头部的内容都不会在网页上直接显示，而是通过另外的方式起作用。例如，标题是在 HTML 的头部定义的，它不会显示在网页上，但是会出现在浏览器的标题栏上。

　　<body>…</body>：HTML 文件的主体标签，绝大多数 HTML 内容都放置在这个区域里面，通常位于</head>标签之后、</html>标签之前。

3. 标签

　　一个 HTML 文件是由一系列的元素和标签组成的。元素是 HTML 文件的重要组成部分，当用一组 HTML 标签将一段文字包含在其中时，这段文字与包含文字的 HTML 标签被称为一个元素。例如，title（文件标题）、img（图像）、table（表格）等，元素名称不区分大小写，HTML 用标签来规定元素的属性和它在文件中的位置。

　　HTML 标签分单独出现和成对出现两种。

　　大多数的标签成对出现，是由首标签和尾标签组成，首标签的格式为<元素名称>，尾标签的格式为</元素名称>，其完整的语法如下：

　　<元素名称>要控制的内容</元素名称>

　　成对标签仅对包含在其中的文件部分发生作用，如<table>和</table>标签用于界定表格元素的范围。

　　单独标签的格式为<元素名称>，其作用是在相应的位置插入元素，如
标签表示在该标签所在的位置插入一个换行符。

　　HTML 标签不区分大小写，在 HTML 标签中，还可以设置一些属性，控制 HTML 标签所建立的元素，这些属性将位于所建立元素的首标签，首标签的基本语法格式如下：

　　<元素名称 属性1="值1" 属性2="值2" …>元素资料</元素名称>

　　属性能对标签进行补充说明，所有的属性都放在首标签的尖括号内，并且相互用空格分开，有些属性要求用引号，有些则不要求。作为一般原则，大多数属性（只包括字母、数字、连字符、点号的）都不需要引号，如可以输入<p align=center>或<p align="center">，但是，包括空格、%、#等其他字符的属性值则需要用引号。例如，如果使用 width 属性表示文档窗口大小的百分数，则要输入 width="100%"。如果标签有多个属性，这些属性将跟随在标签名称的后面，每个属性都由一个或多个制表符、空格或回车分开，但是它们出现的顺序无关紧要。

　　如果标签的属性有值，它们就放在标签属性名称后面的等号（=）之后，等号的两边可以有空格，但是为了具有更好的可读性，建议等号两边不使用空格。在 HTML 中，如果属性的值是一个单独的词或数字（没有空格），那么直接将该值放在等号的后面即可。所有其他的值都必须加上单引号或双引号，尤其是那些含有用空格分开的多个词的值。

拓展与提高

1. <HTML>标签

　　<HTML>标签表示该文档为 HTML 文档。从技术上看，这个标签在<!doctype>标签之后显得多余，但对于不支持<!doctype>标签的旧式浏览器，这个标签是必要的。它还能帮助人们阅读

HTML 代码。也就是说，最好还是包括这个标签，以便其他工具，尤其是更为平常的文字处理工具，能够识别出文档是 HTML 文档。至少，<html>开始和结束标签的存在，可以保证我们不会无意中删掉文档的开始或者结束部分。

基本语法：

```
<html>
  包含<head>、<frameset>等标签
</html>
```

语法解释：

通过标签界定一个完整的 HTML 文档。

2. **<head>标签**

<head>标签用来封装其他位于文档头部的标签。把该标签放在文档的开始处，紧跟在<html>标签后面，并处于<body>标签或<frameset>标签之前。不论是<head>标签还是相应的结束标签</head>，都可以清楚地被浏览器推断出来。<head>标签中包含文档的标题、文档使用的脚本、样式定义和文档名信息。并不是所有浏览器都有这个标签，但大多数浏览器都希望在<head>标签中找到关于文档的附加信息。此外，<head>标签还可以包含搜索工具和索引程序所要的其他信息的标签。

基本语法：

```
<head>
  …
</head>
```

语法解释：

通过标签定义文档的头部。

3. **<body>标签**

<body>标签界定了文档的主体。<body>标签和其结束标签</body>之间的所有部分都称为主体内容。最简单的文档可能仅仅在<body>与</body>标签中有一系列文本段。复杂一些的文档可能会有格式非常繁杂的文本、图形图表、表格和其他各种特殊效果等。在<body>与</body>标签中可放置要在访问者浏览器中显示信息的所有标志和属性。后面涉及的绝大多数内容都可以体现在<body>与</body>标签中。

基本语法：

```
<body 属性=参数>
  …
</body>
```

语法解释：

HTML 的主体标签是<body>，在<body>与</body>中放置的是页面中的所有内容，如文字、图片、链接、表格、表单等。<body>标签自身有很多的属性，如定义页面文字的颜色、背景颜色、背景图片等，如表 2-1-1 所示。

表 2-1-1　<body>标签的属性

属　　　　　性	描　　　　　述
text	设置页面文字颜色
bgcolor	设置页面的背景颜色

续表

属　　　　性	描　　　　述
link	设置页面默认超链接的颜色
alink	设置单击时超链接的颜色
vlink	设置访问过的超链接的颜色
background	设置页面的背景图片
bgcolor	规定文档的背景颜色

（1）文字颜色属性 text。

<body>元素的 text 属性可以改变整个页面默认文字的颜色，在没有对文字进行单独定义颜色的时候，这个属性将对页面中所有的文字产生作用。

基本语法：

```
<body text=color_value>
```

语法解释：

通过 text 属性定义了文字的颜色，color_value 指颜色的值。在 HTML 页面中对颜色的控制有自己的语法，HTML 使用英文名称或十六进制的 RGB 颜色值对颜色进行控制，如标准的红色，可以使用 red 作为名称，也可以使用十六进制#ff0000 来表现，其中#作为十六进制颜色开始的标签。#ff0000 是 RGB 三基色模式，前两位为红色色彩数值，中间两位为绿色色彩数值，后两位为蓝色色彩数值，即#rrggbb，每个基色位的取值为 00～ff（即十进制的 0～255），表 2-1-2 列出了 HTML 中常用的颜色名称及相应的十六进制数值。

表 2-1-2　常用颜色名称与十六进制数值

颜　　　色	颜色名称	十六进制数值
黑色	black	#000000
绿色	green	#009900
银色	silver	#c0c0c0
亮绿色	lime	#00ff00
灰色	gray	#808080
橄榄色	olive	#808000
白色	white	#ffffff
黄色	yellow	#ffff00
栗色	maroon	#800000
红色	red	#ff0000
蓝色	blue	#0000ff
紫色	purple	#800080
海蓝色	teal	#008080
紫红色	fuchsia	#ff00ff
浅绿色	aqua	#00ffff

文件范例：页面效果如图 2-1-2 所示。

```
<html>
  <head>
    <title>设置文字颜色</title>
  </head>
  <body text="#ff0000">
    设置页面文字颜色为红色
  </body>
</html>
```

图 2-1-2 文字颜色页面效果

（2）背景颜色属性 bgcolor。

<body>元素的 bgcolor 属性用来设置整个页面的背景颜色，和文字颜色设置相似，也是使用英文名称或十六进制数来表示颜色。

基本语法：

```
<body bgcolor=color_value>
```

语法解释：

通过 bgcolor 属性定义页面背景颜色，color_value 指的就是颜色。

文件范例：页面效果如图 2-1-3 所示。

图 2-1-3 背景颜色页面效果

```
<html>
  <head>
```

```
    <title>设置页面背景颜色</title>
  </head>
  <body text="#800080" bgcolor="#808080">
    设置页面背景色为灰色，文字颜色为紫色
  </body>
</html>
```

（3）超链接文字颜色属性 link、alink、vlink。

超链接是网页中最基本的元素之一，在单元二的任务二中会详细介绍，这里介绍的是修改页面超链接文字颜色的方法。在默认情况下，超链接文字的颜色为蓝色，访问过的超链接文字的颜色为紫红色，这有助于用户判断是否访问过该超链接。

基本语法：

```
<body link="color_value" alink="color_value" vlink="color_value">
```

语法解释：

通过 link、alink、vlink 分别定义超链接文字的状态，color_value 用于定义颜色。

文件范例： 页面效果如图 2-1-4 所示。

```
<html>
  <head>
    <title>链接文字颜色</title>
  </head>
  <body link="#ff0000" alink="#00ff00" vlink="#cccccc">
    <a href="www.sohu.com">链接文字颜色设置，请勿单击</a><br>
    <a href="www.sohu.com">链接文字颜色设置，请保持单击状态</a><br>
    <a href="www.sohu.com">链接文字颜色设置，单击后查看</a><br>
  </body>
</html>
```

图 2-1-4　超链接文字颜色页面效果

（4）背景图片属性 background。

<body>元素的 background 属性用来设置整个页面的背景图片，图片的格式可以为.jpg、.gif 或.png，在默认情况下，背景图片在水平方向或垂直方向上会不断重复出现，直到铺满整个网页为止。

基本语法：

```
<body background="img_url">
```

语法解释：

通过 background 属性可以设置页面的背景图片，img_url 是指图片文件所在的路径，即指向图片文件所在的位置。这里不仅可以输入本地图片文件的路径和文件名称，也可以用 URL 的形式输入其他位置的图片文件的名称。

文件范例：页面效果如图 2-1-5 所示。

```
<html>
  <head>
    <title>链接背景图片</title>
  </head>
  <body background="head.png">
    设置页面背景图片
  </body>
</html>
```

图 2-1-5　背景图片页面效果

（5）设置背景颜色属性。

在 HTML 页面中，可以定义文档的背景颜色，多用于让网页背景与文字的颜色更协调。

基本语法：

```
<body bgcolor= bgcolor_value>
```

语法解释：

bgcolor_value 用于定义背景颜色。

文件范例：页面效果如图 2-1-6 所示。

```
<html>
  <head>
    <title>设置背景颜色</title>
  </head>
  <body bgcolor="#009900">
    设置页面背景为绿色
  </body>
</html>
```

图 2-1-6　设置背景颜色效果

4. 换行标签

换行标签是单标签，又称空标签，不包含任何内容，在 HTML 文件中的任何位置只要使用
标签，当文件显示在浏览器中时，该标签之后的内容将显示在下一行。

文件范例：测试换行标签，效果如图 2-1-7 所示。

```html
<html>
  <head>
    <title>换行标签</title>
  </head>
  <body>
    春夜喜雨<br>
    好雨知时节，当春乃发生。<br>
    随风潜入夜，润物细无声。<br>
    野径云俱黑，江船火独明。<br>
    晓看红湿处，花重锦官城。<br>
  </body>
</html>
```

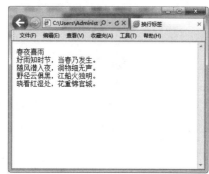

图 2-1-7　换行标签效果

5. 段落标签<p>

由<p>标签所标识的文字，代表同一个段落的文字。不同段落间的间距相当于连续加了两个换行符，也就是要隔一行空白行，用以区别文字的不同段落。它可以单独使用，也可以成对使用。单独使用时，下一个<p>的开始就意味着上一个<p>的结束。

基本语法：

```html
<p align=参数>
```

语法解释：

align 是<p>标签的属性，有三个参数 left、center、right。这三个参数设置段落文字的左、中、右位置的对齐方式。

文件范例：测试段落标签，效果如图 2-1-8 所示。

```html
<html>
<head>
  <title>段落标签</title>
</head>
<body>
  <p align="left">这是第一段，左对齐。</p>
  <p align="center">这是第二段，居中对齐。</p>
  <p align="right">这是第三段，右对齐。</p>
  <p>这是第四段，未设置align属性，默认为左对齐。</p>
</body>
```

```
</html>
```

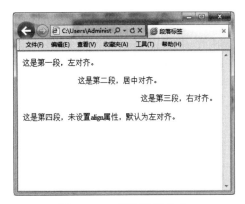

图 2-1-8　段落标签效果

6. 居中对齐标签<center>

文本在页面中使用<center>标签进行居中显示，<center>是双标签，在需要居中的内容部分开头处加<center>，结尾处加</center>。

文件范例：测试居中对齐标签，效果如图 2-1-9 所示。

```
<html>
<head>
  <title>居中对齐标签</title>
</head>
<body>
  <center>
    <p>出塞</p>
    秦时明月汉时关，<br>
    万里长征人未还。<br>
    但使龙城飞将在，<br>
    不教胡马度阴山。<br>
  </center>
</body>
</html>
```

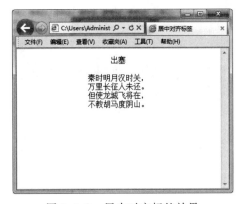

图 2-1-9　居中对齐标签效果

7. 水平分隔线标签<hr>

<hr>标签为单标签，是水平分隔线标签，用于段落与段落之间的分隔，使文档结构清晰明

了，使文字的编排更整齐。通过设置<hr>标签的属性值，可以控制水平分隔线的样式。具体属性及其说明如表 2-1-3 所示。

表 2-1-3　<hr>标签的属性

属　性	参　数	功　　能	单　位	默认值
size		设置水平分隔线的粗细	pixel（像素）	2
width		设置水平分隔线的宽度	pixel（像素）、%	100%
align	left center right	设置水平分隔线的对齐方式		center
color		设置水平分隔线的颜色		black
noshade		取消水平分隔线的 3D 阴影		

（1）水平分隔线宽度属性 width 和高度属性 size。

基本语法：

```
<hr width=value  size=value>
```

语法解释：

通过 width 定义水平分隔线的宽度，size 设置水平分隔线的高度。

文件范例： 效果如图 2-1-10 所示。

```
<html>
  <head>
    <title>测试水平分隔线标签</title>
  </head>
  <body>
    <center>
    乐游原
    <hr width="30%">
    向晚意不适,
    驱车登古原。
    夕阳无限好,
    只是近黄昏。
    <hr size="5" width="80%" >
    </center>
  </body>
</html>
```

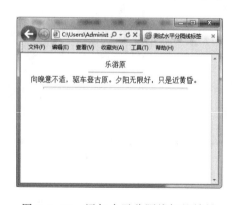

图 2-1-10　添加水平分隔线标签效果

（2）水平分隔线颜色属性 color。

基本语法：

```
<hr color=value>
```

语法解释：

通过 color 定义水平分隔线的颜色。

文件范例： 页面效果如图 2-1-11 所示。

```
<html>
  <head>
    <title>测试水平分隔线标签</title>
  </head>
  <body>
    <hr size="5" width="80%" color=red>
  </body>
</html>
```

图 2-1-11 水平分隔线颜色效果

（3）水平分隔线对齐属性 align。

基本语法：

```
<hr align=value>
```

语法解释：

通过 align 定义水平分隔线的居左、居中、居右对齐，其中 value 的值可以为 left、center、right。

文件范例： 页面效果如图 2-1-12 所示。

```
<html>
  <head>
    <title>测试水平分隔线标签</title>
  </head>
  <body>
    <hr size="5" width="80%" align=left>
  </body>
</html>
```

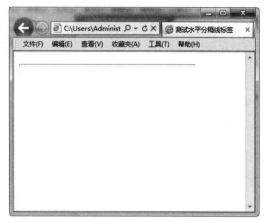

图 2-1-12　水平分隔线对齐效果

8. 特殊字符

在 HTML 文档中，有些字符无法直接显示出来，如"©"。使用特殊字符可以将键盘上没有的字符表达出来，而有些 HTML 文档的特殊字符，如"<"等，虽然在键盘上可以得到，但浏览器在解析 HTML 文档时会报错，为防止代码混淆，必须用一些代码来表示它们，可以用字符代码来表示，也可以用数字代码来表示，HTML 常见特殊字符及其代码如表 2-1-4 所示。

表 2-1-4　HTML 常见特殊字符及其代码

特 殊 字 符	字 符 代 码	数 字 代 码
<	&lt;	&#60;
>	&gt;	&#62;
&	&amp;	&#38;
"	&quot;	&#34;
©	&copy;	&#169;
®	&reg;	&#174;
空格		

在建立 HTML 文件时，若利用键盘上的【Space】键输入多个空格，不论输入的空格有多少个，都将被视为一个。因此，如果需要输入多个空格时，必须利用空格符号" "。

文件范例：特殊字符的应用，效果如图 2-1-13 所示。

```
<html>
  <head>
    <title>特殊字符</title>
  </head>
  <body>
    <center>
    &lt;关山月&gt;
    <hr width="50%" size="3" align=center noshade>
    明月出天山，苍茫云海间。<br>
    长风几万里，吹度玉门关。<br>
    汉下白登道，胡窥青海湾。<br>
```

```
    由来征战地, 不见有人还。<br>
    戌客望边色, 思归多苦颜。<br>
    高楼当此夜, 叹息未应闲。<br>
    <hr width="50%" size="3" align=center noshade>
    李白 &copy;
    </center>
  </body>
</html>
```

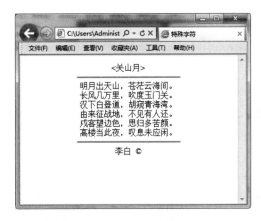

图 2-1-13 特殊字符效果

9. 标题文字标签<hn>

<hn>标签用于设置网页中的标题文字, 被设置的文字将以黑体或粗体的方式显示在网页中。

基本语法:

```
<hn align=参数>标题内容</hn>
```

语法解释:

<hn>标签是双标签, <hn>标签共分为六级, 由于 h 元素拥有确切的语义, 因此要十分慎重地选择恰当的标签层级来构建文档的结构。其中, n 表示标题的等级序号, n 值越小, 标题字号就越大, align 属性用于设置标题的对齐方式, 其参数为 left (左), center (中), right (右)。<hn>标签本身具有换行的作用, 标题总是从新的一行开始。

文件范例: 标题的设定, 效果如图 2-1-14 所示。

```
<html>
<head>
  <title>设定各级标题</title>
</head>
<body>
  <h1 align="center">一级标题。</h1>
  <h2 align="right">二级标题。</h2>
  <h3 align="left">三级标题。</h3>
  <h4>四级标题。</h4>
  <h5>五级标题。</h5>
  <h6>六级标题。</h6>
</body>
</html>
```

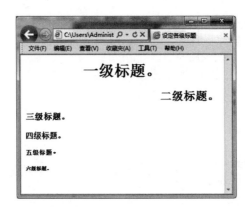

图 2-1-14 设定各级标题效果

10. 文字格式控制标签<font>

<font>标签用于控制文字的字体、大小和颜色。控制方式是利用属性设置得以实现的。<font>标签属性及说明如表 2-1-5 所示。

表 2-1-5 <font>标签的属性

属　性	使 用 功 能	默 认 值
Face	设置文字的字体	宋体
Size	设置文字的大小	3
color	设置文字的颜色	黑色

基本语法：

<font face=值1 size=值2 color=值3>文字 </font>

语法解释：

如果用户的系统中没有 face 属性所指的字体，则将使用默认字体。size 属性的取值为 1~7，也可以用"+"或"-"来指定相对于字号初始默认值的增量或减量。color 属性的值为 RGB 颜色"#nnnnnn"或颜色的名称。

文件范例：控制文字的格式，效果如图 2-1-15 所示。

```html
<html>
<head>
  <title>控制文字的格式</title>
</head>
<body>
  <center>
    <font face=黑体 size=6 color="red" >这里是黑体、6号、红色文字。</font> <p>
    <font  face=隶书 size=+2 color="green">
    这里是隶书、5号、绿色文字。
    </font></p><p>
    <font  face=楷体 size=4 color="#0000ff">
    这里是楷体、4号、蓝色文字。
    </font></p>
  </center>
</body>
</html>
```

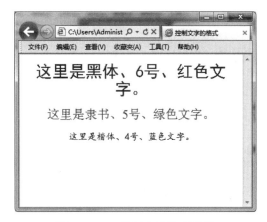

图 2-1-15　控制文字格式效果

11. 特定文字样式标签

为了让文字富有变化，或者要强调某一部分，可以使用 HTML 提供的其他标签来产生这些效果，常用字体样式标签如表 2-1-6 所示。

表 2-1-6　常用字体样式标签

标　签　名　称	含　义
\<b> \</b>	粗体
\<i> \</i>	斜体
\<u> \</u>	加下画线
\<ti> \</ti>	打字机字体
\<big> \</big>	大型字体
\<small> \</small>	小型字体
\<blink> \</blink>	闪烁效果
\<em> \</em>	表示强调，一般为斜体
\<strong> \</strong>	表示特别强调，一般为粗体
\<cite> \</cite>	用于引证、举例，一般为斜体

文件范例：常用字体样式标签，效果如图 2-1-16 所示。

```
<html>
  <head>
    <title>常用字体样式标签</title>
  </head>
<body>
  <center>
    <b>粗体</b><br>
    <i>斜体</i><br>
    <u>加下画线</u><br>
    <ti>打字机字体</ti><br>
    <big>大型字体</big><br>
    <small>小型字体</small><br>
```

```
      <blink>闪烁效果</blink><br>
      <em>表示强调，一般为斜体</em><br>
      <strong>表示特别强调，一般为粗体</strong><br>
      <cite>用于引证、举例，一般为斜体</cite>
    </center>
  </body>
</html>
```

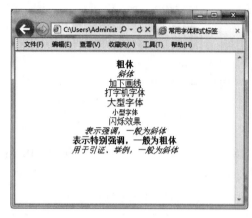

图 2-1-16 常用字体样式标签效果

12. 预格式化标签<pre>

所谓预格式化，就是可定义预格式化的文本。被包围在 pre 元素中的文本通常会保留空格和换行符，而浏览器在显示其中的内容时，会完全按照其真正的文本格式来显示。例如，保留文档中的空白区域，如空格、制表位等。

基本语法：

<pre>…</pre>

语法解释：

处于<pre>与</pre>之间的内容将会原样显示。

文件范例：页面效果如图 2-1-17 所示。

```
<html>
  <head>
    <title>文字的预格式化</title>
  </head>
  <body>
    <pre>
      for(i=0;i<1;i++)
      {
        print("文字的预格式化");
      }
    </pre>
  </body>
</html>
```

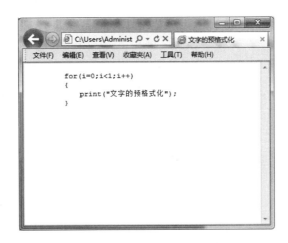

图 2-1-17　文字的预格式化效果

13. 网页中插入图片标签<img>

图像在网页制作中是非常重要的一个方面,HTML 也专门提供了<img>标签来处理图像的输出。

图像可以使 HTML 页面美观生动且富有生机。浏览器可以显示的图像格式有 JPEG、BMP、GIF。其中,BMP 文件存储空间大、传输慢,不提倡用;常用的是 JPEG 和 GIF 格式的图像,相比之下,JPEG 图像支持数百万种颜色,即使在传输过程中丢失数据,也不会在质量上有明显的不同,占位空间比 GIF 大,GIF 图像仅有 256 种色彩,虽然质量上没有 JPEG 图像高,但占位储存空间小,下载速度最快,支持动画效果及背景颜色透明。因此使用图像美化页面可视情况而定。

网页中插入图片用单标签<img>,当浏览器读取到<img>标签时,就会显示此标签所设定的图像。从技术上讲,<img> 标签并不会在网页中插入图像,而是在网页中插入图像链接。如果要对插入的图片进行修饰,仅用这一个属性是不够的,还要配合其他属性来完成,<img>标签属性如表 2-1-7 所示。

表 2-1-7　<img>标签属性

属　　　性	描　　　　　述
src	图像的 URL 路径
alt	规定图像的替代文本
width	宽度,通常只设为图片的真实大小以免失真
height	高度,通常只设为图片的真实大小以免失真
align	图像和文字之间的对齐方式值可以是 top、middle、bottom、left、right
border	边框
hspace	水平间距
vspace	垂直间距
vlign	定义图像顶部和底部的空白
longdesc	指向包含长的图像描述文档的 URL
usemap	将图像定义为客户端图像映射

（1）图片源文件属性 src。

基本语法：

```
<img src=file_name>
```

语法解释：

<img>标签并不是真正地将图片加入到 HTML 文档中，而是将 src 属性赋值，这个值是图片文件的文件名，当然包括路径，这个路径可以是相对路径，也可以是绝对路径，如网址。实际上就是通过路径将图形文件嵌入到文档中。必须强调，src 属性在<img>标签中是必须赋值的，是标志中不可缺少的一部分，其他属性可以不设置而采用默认值。

（2）图片提示文字属性 alt。

基本语法：

```
<img src=file_name alt=说明文字>
```

语法解释：

提示文字有两个作用，当浏览该网页时，如果图片下载完成，将光标放在该图片上，光标旁边就会出现提示文字，也就是说，当鼠标指向该图片时，稍等片刻，就会出现该图片的说明文字；如果图片没有被下载，则在图片的位置上出现该提示文字，说明文字既可以是英文，也可以是中文。

（3）图片宽度和高度属性 width 和 height。

基本语法：

```
<img src=file_name width=value height=value>
```

语法解释：

图片高度和宽度的设置单位既可以是像素，也可以是百分比。

（4）图片边框属性 border。

基本语法：

```
<img src=file_name width=value height=value border=value>
```

语法解释：

默认图片没有边框，通过 border 属性可以为图片添加边框线。边框的宽度可以调整，但是颜色不可改变，当图片没有添加超链接时，边框颜色为黑色；当图片添加超链接时，边框颜色同超链接文字的颜色一致，默认为深蓝色。边框单位是像素。

（5）图片映射属性 usemap。

基本语法：

```
<img usemap=#mapname>
```

语法解释：

usemap 属性提供了一种"客户端"的图像映射机制，有效地消除了服务器端对鼠标坐标的处理，以及由此带来的网络延迟问题。usemap 属性如表 2-1-8 所示。

表 2-1-8　usemap 属性

值	描　　述
#mapname	#+要使用的<map>元素的 name 或 id 属性

（6）图片的边距属性 vspace 和 hspace。

基本语法：

```
<img src=file_name vspace=value hspace=value>
```

语法解释：

图片与文字之间的距离是可以调整的，vspace 属性用来调整图像和文字之间的上下距离，hspace 属性用来调整图片和文字之间的左右距离。这样可以有效地避免网页上的文字图片过于拥挤，其单位默认为像素。

文件范例：插入图片，效果如图 2-1-18 所示。

```
<html>
  <head>
    <title>网页中插入图片</title>
  </head>
  <body>
    <h2 align=center>莲之出淤泥而不染</h2>
    <IMG src="lianhua.jpg" width=140 height=100 hspace=5 vspace=5 border=2
align="right" alt="lianhua">
    <p><font face="楷体">    从古至今，莲一直在我们人类身边
陪伴着我们。莲是美丽的；莲是圣洁的；莲又是"出淤泥而不染"的。莲又称为荷，与"和"谐音。
民间吉祥画，"和合三仙"，便是一人手中持荷，一人捧荷，以示和合。八仙中的何仙姑，象征貌美，
又姓"何"，表示祥和吉利。<br>
        莲表示清廉。青莲与"清廉"谐音。人们便以荷花比喻为官清
正，一尘不染。如以青莲和一只白鹭组成的图画名为"一路清廉"。莲又预示吉祥。以荷花、海棠、
飞燕构成一幅图，谓之"何（荷）清海宴（燕）"，喻天下太平。佛教的八宝吉祥，以莲花为首。以莲
花和鱼剪纸成图张贴，谓之"连年有余"，表示富足有余。<br>
        莲花，是一种多年的水生植物花卉，它虽然不像牡丹那样雍容
华贵，也没有菊花那样的孤傲清高，但他那"出淤泥而不染"与迎着酷夏骄阳而盛开的特性赢得了人
们无数的赞美之词。</font></p>
  </body>
</html>
```

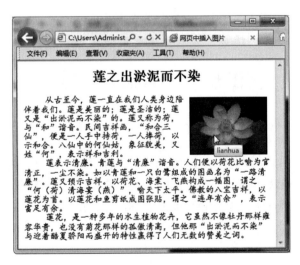

图 2-1-18　网页中插入图片效果

技能训练

熟悉网页编辑工具的使用，练习简单 HTML 页面编辑。

任务完成

（1）建立网页文件，添加文字、段落、图片。

（2）进行图文混排，图片居右，文字居左。

（3）在浏览器端进行访问测试。

评 价

任务完成评价表					
职业能力	内　　　容		评　　价		
	能力目标	评价项目	3	2	1
	站点发布	能熟练编排文字版式			
		能正确使用段落			
		能恰当运用图片			
通用能力	欣赏能力				
	独立构思能力				
	解决问题的能力				
	自我提高的能力				
	组织能力				
综合评价					

思考与练习

1．编辑 HTML 页面，输入文字内容，并对文字版式进行设定。

2．尝试在网页中引用不同路径下的图片。

任务二　页 面 布 局

任务描述

布局设计是网页制作中一项很重要的工作，涉及网页在浏览器中所显示的外观，网页布局往往决定着网页设计的成败。一个完美的网页，不仅要有丰富、活泼的页面内容和信息，而且还要有清晰、美观的页面布局，这样才能给浏览者留下深刻的印象。

信达商贸公司的网页设计人员为了使网页更加清晰、美观，在网页内容布局排版时使用表格和列表，通过表格使页面中的文字、段落、图片、超链接能够更加整齐。

任务分析

在 HTML 页面中，合理使用列表标签可以起到提纲和将排序文件格式化的作用。列表分为三类：一是无序列表，二是有序列表，三是定义列表。

表格是页面布局中极为重要的设计工具。在设计页面时，往往要利用表格来定位页面上的文本和图片等元素。平时在网络上浏览看到的排列整齐的页面，在很大程度上就是利用表格进行布局的。

方法与步骤

（1）选择"开始"|"程序"|"附件"|"记事本"命令，打开记事本程序。

（2）在记事本中输入如下 HTML 代码：

```html
<html>
  <body>
    <ol>
      <li>华东地区</li>
        <UL type=square>
          <li>江苏分部</li>
          <li>浙江分部</li>
        </ul>
        <li>华北地区</li>
        <ul type=square>
          <li>北京分部</li>
          <li>天津分部</li>
        </ul>
    </ol>
    <table border=1 bordercolor=#dddddd cellspacing=0 width=80%>
      <tr><th>名称</th><th>地址</th><th>联系电话</th></tr>
      <tr><td>江苏分部</td><td>南京白下石鼓路</td><td>030-5555555</td></tr>
      <tr><td>浙江分部</td><td>浙江杭州凤起路</td><td>030-5555555</td></tr>
      <tr><td>北京分部</td><td>北京建国门</td><td>030-5555555</td></tr>
      <tr><td>天津分部</td><td>天津南开</td><td>030-5555555</td></tr>
    </table>
  </body>
</html>
```

列表与表格的应用

（3）从记事本菜单中选择"文件"|"保存"命令，弹出"另存为"对话框。在对话框中选择保存位置，将文件名设置为 yxwl.html，单击"保存"按钮。

（4）浏览刚刚创建的网页 yxwl.html，结果如图 2-2-1 所示。

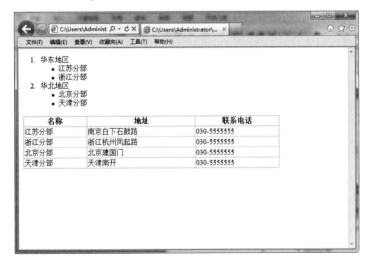

图 2-2-1　页面布局效果

相关知识

1. 无序列表<ul>

无序列表使用的一对标签是<ul></ul>，无序列表指没有进行编号的列表，每一个列表项前使用<li>。<li>的属性 type 有三个选项：

① disc：实心圆；

② circle：空心圆；

③ square：小方块。

<ul>如果不使用其项目<li>的属性值，默认情况下<ul>会添加"实心圆"。

基本语法 1：

```
<ul>
  <li>第一项</li>
  <li>第二项</li>
  <li>第三项</li>
</ul>
```

基本语法 2：

```
<ul>
  <li type=disc>第一项</li>
  <li type=circle>第二项</li>
  <li type=square>第三项</li>
</ul>
```

文件范例： 效果如图 2-2-2 所示。

```
<html>
  <head>
    <title>无序列表</title>
  </head>
  <body>
    <p>中国城市</p>
    <ul>
      <li>北京</li>
      <li>上海</li>
      <li>广州</li>
    </ul>
    <p>美国城市</p>
    <ul>
      <li type=square>华盛顿</li>
      <li type=square>芝加哥</li>
      <li type=square>纽约</li>
    </ul>
    <p>英国城市</p>
    <ul>
      <li type=circle>伦敦</li>
      <li type=circle>利物浦</li>
      <li type=circle>伯明翰</li>
    </ul>
  </body>
</html>
```

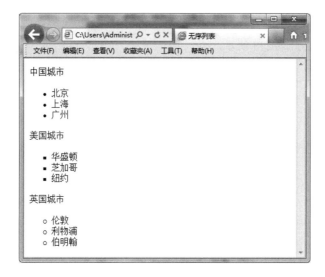

图 2-2-2 无序列表效果

2. 有序列表<ol>

有序列表和无序列表的使用格式基本相同，它使用标签<ol></ol>，每一个列表项前使用<li>。<ol>列表的效果是带有前后顺序之分的编号。如果插入和删除一个列表项，编号会自动调整。

顺序编号的设置是由<ol>标签的两个属性 type 和 start 来完成的。start 设定编号开始的数字，如 start=2，则编号从 2 开始，如果从 1 开始可以省略，或是在<li>标签中设定 value="n"改变列表行项目的特定编号，如<li value="7">。type 用于设定编号的数字、字母等的类型，如 type=a，则编号用英文字母。有序列表 type 的属性如表 2-2-1 所示。

表 2-2-1 有序列表 type 的属性

Type 类型	描 述
type=1	表示列表项目用数字标号（1,2,3…）
type=A	表示列表项目用大写字母标号（A,B,C…）
type=a	表示列表项目用小写字母标号（a,b,c…）
type=I	表示列表项目用大写罗马数字标号（Ⅰ,Ⅱ,Ⅲ…）
type=I	表示列表项目用小写罗马数字标号（i,ii,iii…）

基本语法 1：

```
<ol>
  <li>第一项</li>
  <li>第二项</li>
  <li>第三项</li>
</ol>
```

基本语法 2：

```
<ol type=编号类型 start=value>
  <li>第一项</li>
  <li>第二项</li>
```

```
    <li>第三项</li>
  </ol>
```

文件范例：效果如图 2-2-3 所示。

```
<html>
<head>
  <title>有序列表</title>
</head>
<body>
  <p>中国城市</p>
  <ol>
    <li>北京</li>
    <li>上海</li>
    <li>广州</li>
  </ol>
  <p>美国城市</p>
  <ol type=a start=2>
    <li>华盛顿</li>
    <li>芝加哥</li>
    <li>纽约</li>
  </ol>
  <p>英国城市</p>
  <ol type=i>
    <li>伦敦</li>
    <li>利物浦</li>
    <li>伯明翰</li>
  </ol>
</body>
</html>
```

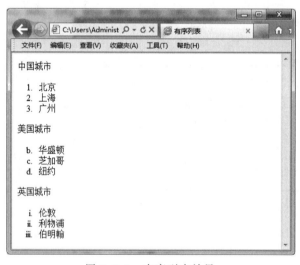

图 2-2-3 有序列表效果

3. 嵌套列表

将一个列表嵌入到另一个列表中，作为另一个列表的一部分，称为嵌套列表。无论是有序列表的嵌套还是无序列表的嵌套，浏览器都可以自动分层排列。

文件范例：效果如图 2-2-4 所示。

```
<html>
<head>
  <title>嵌套列表</title>
</head>
<body>
  <ul type=square>
     <li>图像设计软件</li>
        <ol>
            <li>Photoshop</li>
            <li>Illustrator</li>
            <li>Freehand</li>
        </ol>
     <li>网页制作软件</li>
        <ol>
            <li>Dreamweaver</li>
            <li>FrontPage</li>
            <li>Golive</li>
        </ol>
     <li>动画制作软件</li>
        <ol>
            <li>Flash</li>
            <li>LiveMotion</li>
        </ol>
  </ul>
</body>
</html>
```

图 2-2-4　嵌套列表效果

4. 定义列表的标记<dl>/<dt>/<dd>

定义列表通常用于术语的定义。定义列表由<dl>开始，术语由<dt>开始，英文意为 Definition Term。术语的解释说明，由<dd>开始，<dd></dd>之间的文字缩进显示。

基本语法：

<dl>

```
    <dt>第1项</dt>  <dd>注释1</dd>
    <dt>第2项</dt>  <dd>注释2</dd>
    <dt>第3项</dt>  <dd>注释3</dd>
</dl>
```

文件范例：效果如图2-2-5所示。

```
<html>
<head>
  <title>定义列表</title>
</head>
<body>
  <dl>
    <dt>野生动物</dt>
    <dd>所有非经人工饲养而生活于自然环境下的各种动物。</dd>
    <dt>宠物</dt>
    <dd>指猫、狗以及其他供玩赏、陪伴、领养、饲养的动物，又称同伴动物。</dd>
  </dl>
</body>
</html>
```

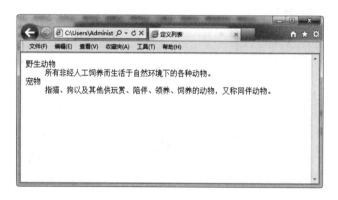

图2-2-5 定义列表效果

5. 定义表格的基本语法

表格在网站设计中应用非常广泛，有助于方便灵活地排版。很多大型动态网站都是借助表格排版。表格可以把相互关联的信息元素集中定位，使浏览页面的人一目了然。可以说要制作好网页，就要学好表格的使用。

在HTML文档中，表格的建立是通过运用<table>、<tr>、<td>标签来完成的，如表2-2-2所示。

表2-2-2 表格标签

标　　签	描　　　　述
<table>…</table>	用于定义一个表格的开始和结束
<tr>…</tr>	定义表格的一行，一组行标签内可以建立多组由<td>或<th>标签所定义的单元格
<td>…</td>	定义表格的单元格，一组<td>标签将建立一个单元格，<td>标签必须放在<tr>标签内

在一个最基本的表格中，必须包含一组<table>标签、一组<tr>标签和一组<td>标签。

文件范例：效果如图2-2-6所示。

```
<head>
```

```
        <title>一个简单的表格</title>
    </head>
    <body>
        <center>
            <table>
                <tr>
                    <td>第 1 行中的第 1 列</td>
                    <td>第 1 行中的第 2 列</td>
                    <td>第 1 行中的第 3 列</td>
                </tr>
                <tr>
                    <td>第 2 行中的第 1 列</td>
                    <td>第 2 行中的第 2 列</td>
                    <td>第 2 行中的第 3 列</td>
                </tr>
            </table>
        </center>
    </body>
</html>
```

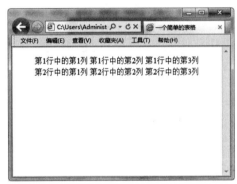

图 2-2-6　一个简单的表格效果

6. 表格标签<table>的属性

表格标签<table>有很多属性，最常用的属性如表 2-2-3 所示。

表 2-2-3　<table>标签的常用属性

属　　性	描　　　　　述
width/ height	表格的宽度（高度），值可以是数字或百分比，数字表示表格宽度（高度）所占的像素点数，百分比是表格的宽度（高度）占浏览器窗口宽度（高度）的百分比
Align	表格在页面的水平摆放位置
background	表格的背景图片
bgcolor	表格的背景颜色
border	表格边框的宽度（以像素为单位）
bordercolor	表格边框颜色
bordercolorlight	表格边框明亮部分（左上边框）的颜色
bordercolordark	表格边框昏暗部分（右下边框）的颜色
cellspacing	单元格之间的间距

续表

属 性	描 述
cellpadding	单元格内容与单元格边界之间的空白距离的大小
frame	规定表格的摘要
summary	规定外侧边框的哪个部分是可见的
rules	规定内侧边框的哪个部分是可见的

文件范例：效果如图 2-2-7 所示。

```
<html>
<head>
  <title>表格标签属性的设定</title>
</head>
<body>
  <table border=10 bordercolor="#00ff00" align="center" bgcolor="yellow"
width=400 height=60 cellspacing="2" cellpadding="6" frame="成绩单">
    <tr>
      <td>学号</td>
      <td>姓名</td>
      <td>英语</td>
      <td>数学</td>
    </tr>
    <tr>
      <td>0601</td>
      <td>陈明</td>
      <td>85</td>
      <td>92</td>
    </tr>
  </table>
</body>
</html>
```

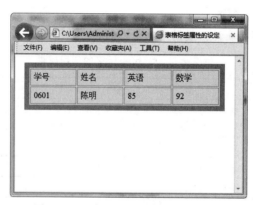

图 2-2-7　表格标签属性的设定效果

7. 表格的标题标签<caption>和表头标签<th>

表格标题标签<caption>用来设置表格的标题及标题的位置，可由 align 属性和 valign 属性来设置，align 属性设置标题位于文档的左、中、右。valign 属性设置标题位于表格的上方或下方。

下面为表格标题位置的设置格式。

基本语法：

```
<caption align="值" valign="值" >表格标题</caption>
```

语法解释：

<caption>应放在<table>标签内，在表格行标签<tr>标签之前。

<caption>标签的默认属性是标题位于表格上方的中间位置。

表格的表头用标签<th>来设置，这里所说的表头是指表格的第一行，用<th>标签替代<td>标签，唯一的不同就是标签中的内容居中加粗显示。

文件范例： 效果如图2-2-8所示。

```
<html>
<head>
  <title>表格的标题标签和表头标签</title>
</head>
<body>
  <center>
    <table border=1 align="center" width="80%" height="60">
      <caption>学生信息表</caption>
      <tr>
        <th>学号</th>
        <th>姓名</th>
        <th>英语</th>
        <th>数学</th>
      </tr>
      <tr>
        <td>0601</td>
        <td>陈明</td>
        <td>85</td>
        <td>92</td>
      </tr>
    </table>
  </center>
</body>
</html>
```

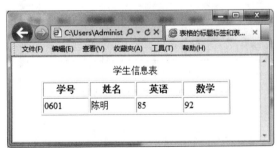

图2-2-8　表格的标题标签和表头标签效果

8. 表格的边框显示状态 frame

表格的边框包括上边框、下边框、左边框、右边框。这四个边框都可以设置为显示或隐藏状态，如表2-2-4所示。

表 2-2-4　表格边框显示状态 frame 的值的设定

frame 的值	描　　述	frame 的值	描　　述
box	显示整个表格边框	above	只显示表格的上边框
void	不显示表格边框	below	只显示表格的下边框
hsides	只显示表格的上下边框	lhs	只显示表格的左边框
vsides	只显示表格的左右边框	rhs	只显示表格的右边框

基本语法：

```
<table frame="边框显示值">
```

文件范例：效果如图 2-2-9 所示。

```
<html>
<head>
  <title>表格边框的显示状态</title>
</head>
<body>
  <table border=6 background="bgpicture.bmp" frame="hsides" bordercolor=
"#0000ff" width=400 height=120 cellspacing=0 cellpadding=5>
    <tr>
      <td>学号</td>
      <td>姓名</td>
      <td>英语</td>
      <td>数学</td>
    </tr>
    <tr>
      <td>0601</td>
      <td>陈明</td>
      <td>85</td>
      <td>92</td>
    </tr>
  </table>
</body>
</html>
```

图 2-2-9　表格边框的显示状态

9. 设置分隔线的显示状态 rules

基本语法：

```
<table rules="值">
```

分隔线的显示状态 rules 的值的设定如表 2-2-5 所示。

表 2-2-5　分隔线的显示状态 rules 的值的设定

rules 的值	描　　　述
all	显示所有分隔线
groups	只显示组与组的分隔线
rows	只显示行与行的分隔线
cols	只显示列与列的分隔线
none	所有分隔线都不显示

文件范例：效果如图 2-2-10 所示。

```
<html>
<head>
  <title>表格分隔线的显示状态</title>
</head>
<body>
  <table  border=6  bgcolor="#FFFFCC"  rules="cols"  bordercolor="#9900FF"
width="300"  height="70"  align="center">
    <tr>
      <td>学号</td>
      <td>姓名</td>
      <td>英语</td>
      <td>数学</td>
    </tr>
    <tr>
      <td>0601</td>
      <td>陈明</td>
      <td>85</td>
      <td>92</td>
    </tr>
    </table><p>
    <table  border=6  bgcolor="#FFFFCC"  rules="rows"  bordercolor="#9900FF"
width="300"  height="70"  align="center">
    <tr>
      <td>学号</td>
      <td>姓名</td>
      <td>英语</td>
      <td>数学</td>
    </tr>
    <tr>
      <td>0601</td>
      <td>陈明</td>
      <td>85</td>
      <td>92</td>
    </tr>
  </table>
</body>
</html>
```

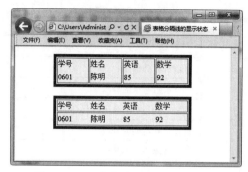

图 2-2-10　表格分隔线的显示状态

10. 表格行的设定

表格是按行组织的，一个表格由几行组成就要有几个行标签<tr>，行标签用它的属性值来修饰，属性都是可选的，<tr>标签的属性如表 2-2-6 所示。

表 2-2-6　<tr>标签的属性

属　　性	描　　　　述
align	行内容的水平对齐方式，可以是 left、center、right
valign	行内容的垂直对齐方式，可以是 top、middle、bottom
bgcolor	行的背景颜色
bordercolor	行的边框颜色
bordercolorlight	行的亮边框颜色
bordercolordark	行的暗边框颜色

基本语法：

```
<tr align="RIGHT" valign="CENTER" bgcolor="#00FF00" bordercolor="#FF0000"
bordercolorlight="#FFCCFF" bordercolordark="#0000FF">
```

文件范例：效果如图 2-2-11 所示。

```
<html>
<head>
  <title>表格行的控制</title>
</head>
<body>
  <table border=1 align="center" width="80%" height="120">
    <tr>
      <th>学号</th>
      <th>姓名</th>
      <th>英语</th>
      <th>数学</th>
    </tr>
    <tr align=center bordercolor="#0000FF" bgcolor="#00FF00">
      <td>0601</td>
      <td>陈明</td>
      <td>85</td>
      <td>92</td>
    </tr>
    <tr align=center height=50 bgcolor="yellow" valign=bottom
bordercolorlight= "red" bordercolordark="blue">
```

```
      <td>0602</td>
      <td>王芳</td>
      <td>86</td>
      <td>90</td>
    </tr>
  </table>
</body>
</html>
```

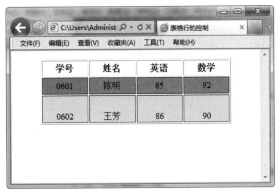

图 2-2-11　表格行的控制效果

拓展与提高

1. 单元格的设定

<th>和<td>都是插入单元格的标签，这两个标签必须嵌套在<tr>标签内，都是成对出现的。<th>用于表头标签，表头标签一般位于首行或首列，标签之间的内容就是位于该单元格内的标题内容，其中的文字以粗体居中显示。数据标签<td>用于该单元格中的具体数据内容，<th>和<td>标签的属性都是一样的，属性设定如表 2-2-7 所示。

表 2-2-7　<th>和<td>标签的属性

属　　性	描　　　　　述
width/height	单元格的宽和高，接受绝对值（如 80）及相对值（如 80%）
colspan	单元格向右打通的列数
rowspan	单元格向下打通的行数
align	单元格内容的水平对齐方式，可选值为：left、 center、 right
valign	单元格内容的垂直对齐方式，可选值为：top、 middle、 bottom
bgcolor	单元格的背景颜色
bordercolor	单元格边框颜色
bordercolorlight	单元格边框向光部分的颜色
bordercolordark	单元格边框背光部分的颜色
background	单元格的背景图片
nowrap	规定单元格中的内容是否换行

文件范例：效果如图 2-2-12 所示。

```
<html>
<head>
  <title>单元格的设定</title>
</head>
<body>
  <table border=1 align="center" height="150" width="80%">
    <tr>
      <th width=70 bgcolor="#FFCC00">学号</th>
      <th bgcolor="#FFCCFF">姓名</th>
      <th bgcolor="#FFCCFF">英语</th>
      <th bgcolor="#FFCCFF">数学</th>
    </tr>
    <tr>
      <td bordercolor=red align="left">0601</td>
      <td bordercolorlight="#FFCCFF" bordercolordark="#FF0000" align="center">
陈明</td>
      <td bgcolor="#FFFFCC" valign="middle" align="right">85</td>
      <td bgcolor="#CCFFFF" align="right">92</td>
    </tr>
  </table>
</body>
</html>
```

图 2-2-12　单元格的设定效果

2. 设定跨多行多列单元格

要创建跨多行、多列的单元格，只需在<th>或<td>中设置 rowspan 或 colspan 属性值，默认值为 1，表明表格中要跨越的行数或列数。

跨多列的基本语法：

```
<th colspan=#>  <td colspan=#>
```

语法解释：

colspan 表示跨越的列数，如 colspan=2 表示这一格的宽度为两个列的宽度。

跨多行的基本语法：

```
<th rowspan=#>  <td rowspan=#>
```

语法解释：

rowspan 是指跨越的行数，如 rowspan=2 表示这一格高度为两个行的高度。

文件范例：效果如图 2-2-13 所示。

```html
<html>
<head>
  <title>跨多行跨多列的单元格</title>
</head>
<body>
  <center>
  <table border=8 width=80% align="center" height="150"
bordercolorlight="#9999FF" bordercolordark="#9900CC">
    <tr>
      <th colspan=3>学生基本信息</th>
      <th colspan=2>成 绩</th>
    </tr>
    <tr>
      <th>姓 名</th>
      <th>性 别</th>
      <th>专 业</th>
      <th>课 程</th>
      <th>分 数</th>
    </tr>
    <tr align=center>
      <td>曹 静</td>
      <td>女</td>
      <td rowspan=2>计算机</td><td rowspan=2>程序设计</td>
      <td>80</td>
    </tr>
      <tr align=center>
        <td>赵 强</td>
        <td>男</td>
        <td>90</td>
      </tr>
  </table>
  </center>
</body>
</html>
```

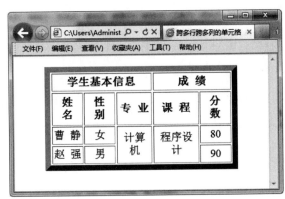

图 2-2-13　跨多行、跨多列的单元格效果

3. 表格的嵌套

在 HTML 页面中，使用表格排版是通过嵌套来完成的，即一个表格内部可以嵌套另一个表格，用表格来排版页面的思路是：由总表格规划整体的结构，由嵌套的表格负责各个子栏目的排版，并插入到表格的相应位置，这样就可以使页面的各个部分有条不紊，互不冲突，看上去清晰整洁。在实际做网页时一般不显示边框，边框的显示可根据自己的爱好来设定。在实例中为了让大家能够看清楚，都设置了显示边框。

文件范例： 效果如图 2-2-14 所示。

```html
<html>
<head>
 <title>表格嵌套</title>
</head>
<body bgcolor="#555555" text="#FFFFFF">
 <table width="560" border="3" cellspacing="1" cellpadding="1"
align= "center">
   <tr>
     <td width="100" height="69">网页标志</td>
     <td colspan="2" align="center">广告条</td>
   </tr>
   <tr>
     <td height="330">
     <table width="100" height="321" border="3" align="center"
cellpadding= "1" cellspacing="1">
       <tr>
         <td>标题栏一</td>
       </tr>
       <tr>
         <td>标题栏二</td>
       </tr>
       <tr>
         <td>标题栏三</td>
       </tr>
       <tr>
         <td>标题栏四</td>
       </tr>
       <tr>
         <td>标题栏五</td>
       </tr>
       <tr>
         <td>标题栏六</td>
       </tr>
       <tr>
         <td>标题栏七</td>
       </tr>
       <tr>
         <td>标题栏八</td>
       </tr>
       <tr>
         <td>标题栏九</td>
```

```
    </tr>
    <tr>
     <td height="90">内容六</td>
    </tr>
    </table></td>
    <td  width="275"><table  width="275"  height="325"  border="3"
cellpadding="1" cellspacing="1">
    <tr>
     <td width="263">内容一</td>
    </tr>
    <tr>
     <td>内容二</td>
    </tr>
    </table></td>
     <td  width="163"><table  width="157"  height="320"  border="3"
cellpadding="1" cellspacing="1" align="center">
    <tr>
     <td width="136" height="94">内容三</td>
    </tr>
    <tr>
     <td height="62">内容四</td>
    </tr>
    <tr>
     <td height="160">内容五</td>
    </tr>
    </table></td>
    </tr>
  </table>
</body>
</html>
```

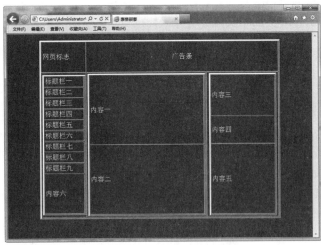

图 2-2-14　表格嵌套效果

技能训练

练习 HTML 列表与表格的使用。

任务完成

（1）分别建立有序、无序列表。

（2）利用表格进行类似 Word 文档中分栏效果的设定。

（3）设置表格的边框、宽度、高度、合并属性。

（4）在浏览器端访问测试。

评　价

任务完成评价表					
职业能力	内　　　容		评　　价		
	能力目标	评价项目	3	2	1
	站点发布	能熟练使用列表			
		能正确使用表格进行页面布局			
通用能力	欣赏能力				
	独立构思能力				
	解决问题的能力				
	自我提高的能力				
	组织能力				
综合评价					

思考与练习

1．编辑一个简单的 HTML 页面，显示职工基本信息表。

2．通过表格在 HTML 页面中实现分栏效果的设定。

任务三　超链接的使用

任务描述

为了将 Internet 上众多的网站和网页联系起来，构成有机的整体，实现网络的互连，让浏览者可以在不同的页面间进行跳转，找到所需要的内容，超链接是不可缺少的。现在网页设计人员小张已经为中华民族儿童网设计了多张网页，为了将这些网页联系起来，小张打算再设计一个导航页，让用户由此进入各个页面。

任务分析

此处通过超链接实现网站中各网页的联系，HTML 文件中最重要的应用之一就是超链接，超链接是一个网站的灵魂。Web 上的网页是互相链接的，单击设定超链接的文本或图片就可以链接到其他页面。超文本具有的链接能力，可层层链接相关文件，这种具有超链功能的操作，即称为超链接。超链接除了可链接文本外，也可链接各种媒体，如声音、图像、动画等，通过它们我们可享受丰富多彩的多媒体世界。

方法与步骤

（1）选择"开始"｜"程序"｜"附件"｜"记事本"命令，打开记事本程序。

（2）在记事本中输入如下 HTML 代码：

```
<html>
<meta http-equiv="Content-Type" content="text/html; charset=utf-8" />
<body>
  <img src="head.png" >
  <br>
    <p align=center ><font size=4 >
     <a href=#>成长测评 </a>
     <a href=#>宝宝课堂 </a>
     <a href=#>父母学校 </a>
     <a href=#>宝宝商城 </a>
     <a href=#>育儿问答 </a>
     </font>
    </p>
    <p align="center">中华民族儿童网是第一家专业的为家长儿童提供服务的网络平台，是各位家长可以依赖的网站。</p>
    <p align="center">我们的服务宗旨：让孩子快乐，让家长放心。</p>
    <hr  width=90% color=#dddddd >
    <center>中华民族儿童网<br>Copyright &copy; 2015-2016  </center>
</body>
</html>
```

（3）从记事本菜单中选择"文件"｜"保存"命令，弹出"另存为"对话框。在对话框中选择保存位置，将文件名设置为 index.html，单击"保存"按钮。

（4）浏览刚刚创建的网页 index.html，结果如图 2-3-1 所示。

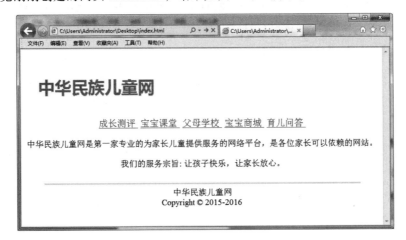

图 2-3-1　页面效果

相关知识

1. 超链接标签<a>

基本语法：

<a href="资源地址" target="窗口名称" title="链接提示文字">超链接名称</a>

语法解释：

标签<a>表示超链接的开始，</a>表示超链接的结束。

（1）href 属性。

该属性定义了这个超链接所指的目标地址。目标地址是最重要的，一旦路径出现差错，该资源就无法访问。

（2）target 属性。

该属性用于指定打开超链接的目标窗口，其默认是在原窗口打开。

超链接的目标窗口的属性如表 2-3-1 所示。

表 2-3-1　超链接的目标窗口的属性

属 性 值	描　　　述
_parent	在上一级窗口中打开，一般分帧的框架页会经常使用
_blank	在新窗口打开
_self	在同一个帧或窗口中打开，这项一般不用设置
_top	在浏览器的整个窗口中打开，忽略任何框架
Framename	在指定的框架中打开被链接文档

（3）title 属性。

该属性用于指定当鼠标悬停在超链接上的时候显示的文字提示。

"超链接名称"是要添加超链接的元素，可以包含文本，也可以包含图像。文本带下画线且与其他文字颜色不同，图形链接通常带有边框显示。用图像作链接时只要把显示图像的标签<img>嵌套在<a href="url"></a>之间即可实现图像超链接的效果。当鼠标指向"超链接名称"处时会变成手状，单击这个元素可以访问指定的目标文件。

文件范例： 效果如图 2-3-2 所示。

```
<html>
<head>
  <title>链接</title>
</head>
<body>
  这是一个文字链接: <a href="http://www.sina.com.cn" target="_blank" title="
文字链接">新浪网站</a>
  <p>
  这是一个图片链接: <a href="ml.html" title="图片链接"><img src="head.png"
width=90 height=60 align=middle></a>
</body>
</html>
```

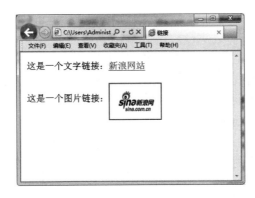

图 2-3-2　超链接效果

2. 链接路径

每一个文件都有其存放位置和路径，连接一个文件到要链接的目标文件之间的路径关系是创建链接的根本。

URL 指的就是每一个网站都具有的地址。同一个网站下的每一个网页都属于同一个地址之下，在创建一个网站的网页时，不需要为每一个链接都输入完整的地址，只需要确定当前文档同站点根目录之间的相对路径关系即可。因此，链接可以分以下两种：

① 绝对路径：如 http://www.sina.com.cn。

② 相对路径：如 news/index.html。

另外，链接的位置点称锚，如 href="#top"。

（1）绝对路径。

绝对路径包含了标识 Internet 上的文件所需要的所有信息。文件的链接是相对原文档而定的，包括完整的协议名称、主机名称、文件夹名称和文件名称。

格式：通信协议://服务器地址:通信端口/文件位置.../文件名。

例如：http://www.163.net/myweb/book.html（此为虚构的网址）。

http 是用于传输 Web 页的通信协议，www.163.net 就是资源所在的服务器主机名，通常情况下使用默认的端口号 80，资源在 www 服务器主机 myweb 文件夹下，资源的名称为 book.html。

（2）相对路径。

相对路经是以当前文件所在路径为起点，进行相对文件的查找。一个相对的 URL 不包括协议和主机地址信息，表示它的路径与当前文档的访问协议和主机名相同，甚至有相同的目录路径。通常只包含文件夹名和文件名，甚至只有文件名。

① 如果链接到同一目录下，则只需输入要链接文件的名称。

② 要链接到下级目录中的文件，只需先输入目录名，然后加"/"，再输入文件名。

③ 要链接到上一级目录中的文件，则先输入"../"，再输入文件名。其用法如表 2-3-2 所示。

表 2-3-2　相对路径的用法

相对路径名	含　　义
herf="index.html"	index.html 是本地当前路径下的文件
Herf="web/index.html"	index.html 是本地当前路径下名为"web"子目录下的文件
herf="../index.html"	index.html 是本地当前目录的上一级子目录下的文件
herf="../../index.html"	index.html 是本地当前目录的上两级子目录下的文件

拓展与提高

1. 书签链接

链接文档中的特定位置也称书签链接，在浏览页面时如果页面很长，则需要不断地拖动滚动条，这样会给浏览带来不便，如果浏览者可以从头阅读到尾，又可以方便地选择自己感兴趣的部分阅读，这种效果就可以通过书签链接来实现。其方法是选择一个目标定位点，用来创建一个定位标记，用<a>标签的属性 name 的值来确定定位标记名 <a name="定位标记名"> 。然后在网页的任何地方建立对这个目标标记的链接"标题"，在标题上建立的链接地址的名称要与定位标记名相同，前面还要加上"#"号<a href= "#定位标记名">。单击标题即可跳到要访问的内容。

书签链接可以在同一页面中链接，也可以在不同页面中链接，在不同页面中链接的前提是需要指定好链接的页面地址和链接的书签位置。

基本语法：

① 在同一页面要使用链接的地址：

`<a href="#书签名称">超链接标题名称</a>`

② 在不同页面要使用链接的地址：

`<a href="URL 地址#书签名称">超链接标题名称</a>`

③ 链接到的目标地址：

`<a name="书签名称">目标超链接名称</a>`

name 属性是为特定位置点（这个位置点也称锚点）命名。

文件范例 1：相同页面中的书签链接，效果如图 2-3-3 所示。

```html
<html>
<head>
  <title>书签链接</title>
</head>
<body>
  <p>
  <a href="#C3">参见第 3 章</a>
  <a href="#C5">参见第 5 章</a>
  <a href="#C8">参见第 8 章</a>
  <p>
  <a name="C1"><h2>第 1 章</h2></a>
  <p>第 1 章具体内容</p>
  <a name="C2"><h2>第 2 章</h2></a>
  <p>第 2 章具体内容</p>
  <a name="C3"><h2>第 3 章</h2></a>
  <p>第 3 章具体内容</p>
  <a name="C4"><h2>第 4 章</h2></a>
  <p>第 4 章具体内容</p>
  <a name="C5"><h2>第 5 章</h2></a>
  <p>第 5 章具体内容。</p>
  <a name="C6"><h2>第 6 章</h2></a>
  <p>第 6 章具体内容</p>
  <a name="C7"><h2>第 7 章</h2></a>
  <p>第 7 章具体内容</p>
  <a name="C8"><h2>第 8 章</h2></a>
  <p>第 8 章具体内容</p>
```

```
<a name="C9"><h2>第 9 章</h2></a>
<p>第 9 章具体内容</p>
<a name="C10"><h2>第 10 章</h2></a>
<p>第 10 章具体内容</p>
<a name="C11"><h2>第 11 章</h2></a>
<p>第 11 章具体内容</p>
<a name="C12"><h2>第 12 章</h2></a>
<p>第 12 章具体内容</p>
</body>
</html>
```

当单击图 2-3-3 中"参见第 3 章"超链接时，显示效果如图 2-3-4 所示。

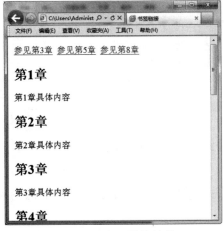

图 2-3-3　书签链接效果　　　　图 2-3-4　单击书签链接的显示效果

文件范例 2： 不同页面中的书签链接（link_mulu.html）。

```
<html>
<head>
  <title>不同页面中的书签链接</title>
</head>
<body>
  <p>
  <a href="mulu.html#C3">链接到 mulu.html 文件中的第 3 章</a>
</body>
</html>
```

当单击 link_mulu.html 页面中的"链接到 mulu.html 文件中的第 3 章"时，页面跳转到 mulu.html 中相应的书签链接。

2. E-mail 链接

在 HTML 页面中，可以建立 E-mail 链接。当浏览者单击链接后，系统会启动本地默认的邮件服务系统发送邮件。

基本语法：

```
<a href="mailto:E-mail 地址">链接显示标题</a>
```

文件范例： 邮件链接，效果如图 2-3-5 所示。

```
<html>
<head>
  <title>邮件链接</title>
```

```
</head>
<body>
  <a href="mailto:ren@126.com">联系我们</a>
</body>
</html>
```

单击"联系我们"超链接后打开了本地的邮件服务系统发送邮件，如图 2-3-6 所示。

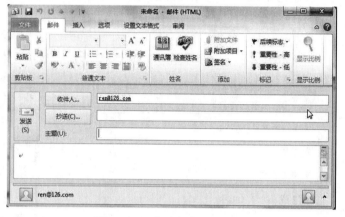

图 2-3-5　邮件链接

图 2-3-6　启动邮件服务系统

3. 更改超链接文字的颜色

HTML 文件中超链接文字颜色的设置，是由<body>标签中的 text、link、vlink、alink 属性进行控制的。

① text 属性：非可链接文字的颜色，默认为黑色（black）。

② link 属性：可链接文字的颜色，默认为蓝色（blue）。

③ vlink 属性：已经被访问过的可链接文字的颜色，默认为栗色（maroon）。

④ alink 属性：正被单击的可链接文字的颜色，默认为红色（red）。

文件范例： 更改超链接文字的颜色，效果如图 2-3-7 所示。

```
<html>
<head>
  <title>更改超链接文字的颜色</title>
</head>
<body text=pink link=green vlink=yellow alink=blue>
  <h3>链接颜色</h3>
  <a href="http:www.sohu.com">搜狐站点</a>
</body>
</html>
```

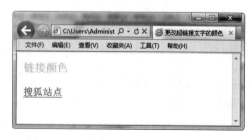

图 2-3-7　更改超链接文字的颜色效果

技能训练

熟悉 HTML 页面超链接的定义方法，练习超链接的设置。

任务完成

（1）建立页面内超链接。

（2）建立站点导航页面，设置页面间超链接。

（3）在浏览器端访问测试。

评 价

任务完成评价表					
职业能力	内 容		评 价		
	能力目标	评价项目	3	2	1
	站点发布	能熟练设置超链接			
		能正确使用相对路径和绝对路径			
通用能力	欣赏能力				
	独立构思能力				
	解决问题的能力				
	自我提高的能力				
	组织能力				
综合评价					

思考与练习

参考搜狐网站首页（www.sohu.com），编辑网站导航页面。

实 训　网 页 设 计

1. 实训目的

（1）掌握编辑网页文本的方法。

（2）掌握利用 IE 浏览器测试 HTML 文件的操作方法。

（3）掌握 head、title、body 等基本标签的使用。

（4）掌握超链接的使用方法。

（5）掌握列表与表格的使用方法。

2. 软件环境

Windows XP/7、Dreamweaver CS6。

3. 实训内容

为中华民族儿童网设计展示页面，页面效果如图 2-4-1 所示，具体要求如下：

综合实例设计

（1）利用表格对页面内容进行对齐设定。

（2）为每个图片及说明文字设置超链接，单击进入相关页面。

图 2-4-1　展示页面效果

参考代码如下：

```html
<html>
<head>
  <link rel=stylesheet href=1.css type=text/css>
</head>
<body>
  <table width="100%" border=0  align="center">
    <tr>
      <td colspan=4><IMG height=150 src="head.jpg" width=593></td>
    </tr>
    <tr>
      <td width=25% align="center"><img src="004.jpg" width=112 height= 97></td>
      <td width=25% align="center"><img src="005.jpg" width=112 height= 97></td>
    </tr>
    <tr>
      <td width=25% align="center"><A HREF="/1.htm">认左识右</a></td>
      <td width=25% align="center"><A HREF="/2.htm">宝宝睡觉</a></td>
    </tr>
    <tr>
      <td width=25% align="center"><img src="006.jpg" width=112 height= 97></td>
      <td width=25% align="center"><img src="007.jpg" width=112 height= 97></td>
    </tr>
    <tr>
      <td width=25% align="center"><A HREF="/3.htm">宝宝画画</a></td>
      <td width=25% align="center"><A HREF="/4.htm">宝宝吃饭</a></td>
    </tr>
```

```
</table>
<hr  width=90% color=#dddddd>
<center>中华民族儿童网<br>Copyright &copy; 2009-2010  </center>
</body>
</html>
```

4. 评价

实训评价表					
	内　　容		评　　价		
能力目标	评价项目		3	2	1
职业能力	编辑 HTML 文档	能编辑 HTML 文档			
		能正确保存 HTML 文档			
	浏览 HTML 文档	能使用浏览器浏览 HTML 文档			
		能查看网页源文件			
	使用 HTML 标记	能熟练添加页面内容			
		能正确设计页面间的超链接			
		能灵活使用列表和表格			
通用能力	欣赏能力				
	独立构思能力				
	解决问题的能力				
	自我提高的能力				
	组织能力				
综合评价					

HTML 高级应用

运用表格布局页面中的文字与图片，并对文字与图片应用超链接，这只是 HTML 的一般应用，要想制作出更加绚丽多彩的网页，还必须掌握 HTML 的一些高级应用，如表单的制作、用框架布局页面、在网页中加入音频与视频等多媒体特效。这样制作出的网页更加丰富多彩、动感十足。

 学习目标

☑ 制作表单
☑ 使用框架
☑ 运用多媒体特效

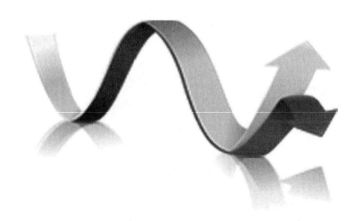

任务一　表　单　设　计

任务描述

在浏览网站时经常会看到表单。例如，在网上申请一个电子邮箱，就必须按要求填写网站提供的表单页面，其内容主要是姓名、年龄、联系方式等个人信息。再如，要在某某论坛上发言，发言之前要申请资格，也是要先填写一个表单页面。表单是网站实现界面交互功能的重要组成部分。无论是使用哪种语言（如 ASP、JSP、PHP）来实现网站的交互功能，表单已经成为它们统一的外在形式。

为了加强与客户间的沟通，项目经理指示小张要在中华民族儿童网站上设计一个与家长联系的页面，让家长能够在这个页面下编辑家长姓名、联系方式等，提交给网站服务器。

任务分析

表单的主要功能是收集信息，具体地说是收集浏览者的信息，还可用于调查、订购、搜索等功能。一般表单由两部分组成，一是描述表单元素的 HTML 源代码，二是客户端的脚本（或者服务器端用来处理用户所填信息的程序）。在 HTML 中可以定义表单，并且使表单与 CGI 或 ASP 等服务器端的表单处理程序配合。

表单信息的处理过程为：当单击表单中的"提交"按钮时，表单中输入的信息就会传到服务器中，然后由服务器的相关应用程序进行处理，处理后或者将用户提交的信息存储在服务器端的数据库中，或者将有关的信息返回到客户端浏览器上。

在此，只制作表单的填写页面，而不涉及服务器端的处理程序的编写。

方法与步骤

表单设计

（1）选择"开始"|"程序"|"附件"|"记事本"命令，打开记事本程序。
（2）在记事本中输入如下 HTML 代码：

```
<html>
<body>
  <form action="mailto:xdsm@xdsm.com" method="get">
    <table border=0>
      <tr><td>客户姓名:<td colspan=4 valign=middle><input type="text"
name="name" value="" size=12 maxlength=18>
        <tr><td>性别:<td colspan=4><input type="radio" name="sex" value="1"
checked>女 <input type="radio" name="sex" value="2">男
          <tr><td>职业:<td colspan=4><select name="xueli" size="1"  >
          <option value="a">公务员</option>
          <option value="b">国企</option>
          <option value="3">私营</option>
          <option value="e">个人</option>
            </select>
```

```
            <tr><td>联系电话: <td colspan=4><input type="text"    name="num"
value="" size=12 maxlength=15>
            <tr><td>在此留言:<td colspan=4><textarea   name="note" rows="8"
cols="45" accesskey="r"></textarea>
            <tr><td align=left valign=middle><input type="submit" name=
"send" value="提交">
            <input type="reset" name="clear" value='重填'></td></tr></table>
   </form>
</body>
</html>
```

（3）从记事本菜单中选择"文件"|"保存"命令，弹出"另存为"对话框。在对话框中选择保存位置，将文件名设置为lx.htm，单击"保存"按钮。

（4）浏览刚刚创建的网页lx.htm，结果如图3-1-1所示。

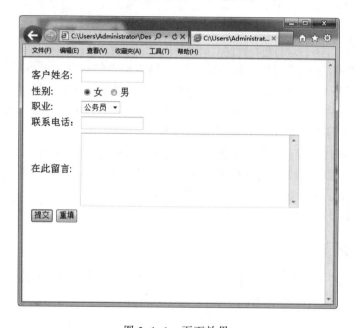

图 3-1-1　页面效果

相关知识

1. 表单简介

表单是HTML的一个重要组成部分，一般来说，网页通常会通过"表单"的形式让浏览者输入数据，然后将表单数据返回服务器，以备登录或查询之用。

表单可以提供输入的界面，让浏览者输入数据，常见的应用如下：

（1）Web搜索。

例如，知名的百度、搜狗、Google、Yahoo等Web搜索网站都是利用表单所提供的输入界面让浏览者搜索信息，如图3-1-2所示。

图 3-1-2 搜索引擎

（2）问卷调查。

网站通过问卷调查表单了解浏览者对某个问题的评价或建议，如市民幸福指数问卷调查、某产品需求问卷调查等，如图 3-1-3 所示。

图 3-1-3 问卷调查

（3）注册用户。

注册论坛用户、邮箱用户等，需要在表单中输入用户名、密码、性别等个人信息，如图 3-1-4 所示。

图 3-1-4　用户注册

（4）在线订购。

从事网络购物，用户可能要输入欲购产品的数量、收货人姓名、送货地址等信息，如图 3-1-5 所示。

图 3-1-5　在线购物

一般表单建立需要三个步骤：

① 决定要收集的数据，即决定该表单需要收集用户的哪些数据。

② 建立表单，根据第一步的要求选择合适的控件创建表单。

③ 设计表单处理程序：用于接收浏览者通过表单所输入的数据并将数据进行进一步处理。举个简单的例子，一个让用户输入姓名的 HTML 表单，在第一步应该确定需要收集用户姓名，第二步使用单行文本编辑框控件、"提交"按钮创建表单，第三步属于服务器端动态网页内容，此处不做介绍。第二步编写的具体代码如下，效果如图 3-1-6 所示。

```html
<html>
<head>
  <title>简单表单实例</title>
</head>
<body>
  <form action="http://www.admin.com/html/yourname.asp" method="get">
请输入你的姓名：
    <input type="text" name="yourname">
    <input type="submit" value="提交">
  </form>
</body>
</html>
```

图 3-1-6　简单表单实例

> 📖**重点提示**：表单在 HTML 页面中起着非常重要的作用，它是与用户交互信息的主要手段。一个表单至少应该包括说明性文字、用户填写的表格、提交和重置按钮等内容。用户填写了所需的资料之后，单击"提交资料"按钮，这样所填资料就会通过专门的接口传到 Web 服务器上。随后就能在 Web 服务器上看到用户填写的资料，从而完成从用户到服务器的反馈和交流。

2. 表单定义

表单是页面上的一块特定区域，这块区域由一对<form>标签定义，这一步有两个作用：一方面，限定表单的范围，其他表单对象都要插入表单之中，单击"提交"按钮时，提交到服务器的也就是表单范围之内的内容；另一方面，携带表单的相关信息，如服务器端处理表单的脚本程序的位置，提交表单的方法，这些信息对于浏览者是看不到的，但是对于处理表单却有着重要的作用，具体定义方法如下：

<form>表单标记

该标记的主要作用是设定表单的起止位置，并指定处理表单数据程序的 URL 地址，表单所包含的控件就在<form>与</form>之间定义。

基本语法：

```
<form action=url method=get/post name=value>…</form>
```

语法解释：

用户填入表单的信息总是需要程序进行处理，表单里的 action 就指明了当提交表单时向何处发送表单数据，如图 3-1-6 的实例中的 http://www.admin.com/html /yourname.asp。

method 表示了发送表单信息的方式。method 有两个值：get 和 post。get 的方式是将表单控件的 name 和 value 信息经过编码之后，通过 URL 发送（可以在地址栏中看到）。而 post 的方式则将表单的内容通过 HTTP 发送，在地址栏中看不到表单的提交信息。那什么时候用 get，什么时候用 post 呢？一般是这样来判断的，如果只是为取得和显示数据用 get；一旦涉及数据的保存和更新，那么建议用 post。

3. 表单控件（form control）

通过 HTML 表单的各种控件，用户可以输入文字信息，或者从选项中选择，或者进行提交的操作。表单常用控件如表 3-1-1 所示。

表 3-1-1　表单常用控件

表 单 控 件	说　明
input type="text"	单行文本输入框
input type="password"	密码输入框（输入的文字用*表示）
input type="radio"	单选框
input type="checkbox"	复选框
select	列表框
textarea	多行文本输入框
input type="submit"	将表单内容提交给服务器的按钮
input type="reset"	将表单内容全部清除，重新填写的按钮
file	文件域
button	按钮
hidden	定义隐藏的输入字段
fieldset	将表单内的相关元素分组

以上控件的输入区域有一个公共的属性 name，此属性给每个输入区域一个名字。这个名字与输入区域是一一对应的，即一个输入区域对应一个名字。服务器就是通过调用某一输入区域的名字的 value 值来获得该区域的数据。而 value 属性是另一个公共属性，它可用来指定输入区域的默认值。

基本语法：

<input 属性1 属性2...>

常用属性：

name：控件名称。

type：控件类型，如 radio、text 等。

align：指定对齐方式，可取 top、bottom、middle。

size：指定控件的宽度。

value：用于设定输入默认值。

maxlength：在单行文本的时候允许输入的最大字符数。

src：插入图像的地址。

（1）单行文本输入框：<input type="text">。

单行文本输入框允许用户输入一些简短的单行信息，如用户姓名。

基本语法：

```
<input type="text" name=field_name maxlength=value size=value value=field_
value>
```

语法解释：

属性的含义如表 3-1-2 所示。

表 3-1-2　单行文本输入框控件属性

属　性	描　述	属　性	描　述
name	单行文本输入框控件的名称	size	单行文本输入框控件的显示宽度
maxlength	单行文本输入框控件的最大输入长度	value	单行文本输入框控件的默认值

文件范例： 页面效果如图 3-1-7 所示。

```
<html>
<head>
  <title>插入单行文本输入框控件</title>
</head>
<body>
  <h1>用户调查</h1>
  <form action=mailto:happy@happy.com method=get name=invest>
    姓名: <input type="text" name="username" size=20>
    <br>
    网址: <input type="text" name="URL" size=20 maxlength=50 value="http://">
    <br>
  </form>
</body>
</html>
```

图 3-1-7　插入单行文本输入框控件

（2）密码输入框：<input type="password">。

主要用于一些保密信息的输入，如密码。因为用户输入的时候，显示的不是输入的内容，而是"*"。

基本语法：

```
<input type="password" name=field_name maxlength=value size=20>
```

语法解释：

属性与单行文本输入框控件的属性相同。

文件范例： 页面效果如图 3-1-8 所示。

```html
<html>
<head>
  <title>插入密码框控件</title>
</head>
<body>
  <h1>用户调查</h1>
  <form action=mailto:happy@happy.com method=get name=invest>
    姓名: <input type="text" name="username" size=20>
    <br>
    网址: <input type="text" name="URL" size=20 maxlength=50 Value="http://">
    <br>
    密码: <input type="password" name="password" size=20 maxlength=8>
    <br>
    确认密码: <input type="password" name="password_confirm" size=20 maxlength=8>
  </form>
</body>
</html>
```

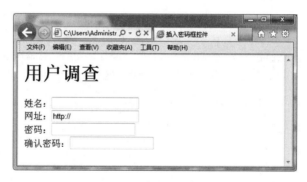

图 3-1-8　插入密码框控件

（3）单选框：<input type="radio">。

用户填写表单时，有一些内容可以通过让浏览者做出选择的形式来实现，如常见的网上调查，首先提出若干问题，然后让浏览者在若干个选项中做出选择。选择控件通常分两种，单选框和复选框。使用单选框，让用户在一组选项里只能选择一个，选项以一个圆框表示。

基本语法：

```html
<input type="radio" name=field_name value=value checked>
```

语法解释：

每个<input type="radio" ...>代表一个选项，一组选项中有几个单选按钮就有几个<input>控件，其中 name 为控件的名称，一组选项中每个单选按钮的名称必须相同；value 表示该选项被选中后传送到服务器端的值；checked 表示该选项被默认选中。

文件范例： 页面效果如图 3-1-9 所示。

```html
<html>
<head>
  <title>插入单选框</title>
```

```
    </head>
    <body>
     <h1>用户调查</h1>
     <form action=mailto:happy@happy.com method=get name=invest>
       姓名: <input type="text" name="username" size=20><br>
       网址: <input type="text" name="URL" size=20 maxlength=50 value="http://"><br>
       密码: <input type="password" name="password1" size=20 maxlength=8><br>
       确认密码:<input type="password" name="password2" size=20 maxlength=8><br>
       请选择你居住的城市:
       <input type="radio" name="city" value="beijing" checked>北京
       <input type="radio" name="city" value="shanghai">上海
       <input type="radio" name="city" value="nanjing">南京
     </form>
    </body>
    </html>
```

图 3-1-9　插入单选框

（4）复选框：<input type="checkbox">。

复选框允许用户在一组选项里选择多个。

基本语法：

`<input type="checkbox" name=field_name value=value checked>`

语法解释：

每个<input type="checkbox" ...>代表一个选项，一组选项中有几个复选框就有几个<input>控件，其中 value 表示该选项被选中后传送到服务器端的值，checked 表示该选项被默认选中。

文件范例：页面效果如图 3-1-10 所示。

```
<html>
<head>
 <title>插入复选框</title>
</head>
<body>
 <h1>用户调查</h1>
 <form action=mailto:happy@happy.com method=get name=invest>
   姓名: <input type="text" name="username" size=20><br>
   网址: <input type="text" name="URL" size=20 maxlength=50 value="http://"><br>
   密码: <input type="password" name="password" size=20 maxlength=8><br>
   确认密码: <input type="password" name="password_confirm" size=20
maxlength=8><br>
```

```
请选择你居住的城市:
<input type="Radio" name="city" value="beijing" checked>北京
<input type="Radio" name="city" value="shanghai">上海
<input type="Radio" name="city" value="nanjing">南京<br>
请选择你喜欢的音乐:
<input type="Checkbox" name="M1" value="rock" checked>摇滚乐
<input type="Checkbox" name="M2" value="jazz">爵士乐
<input type="Checkbox" name="M2" value="pop">流行乐
  </form>
</body>
</html>
```

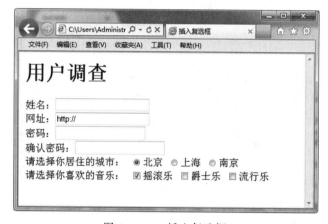

图 3-1-10　插入复选框

（5）列表框：select。

假设要在表单中添加这样一项内容：浏览者所在的城市。且不说全国的城市多不胜数，单是省会以上的城市，就有几十个。如果用单选按钮的形式，将这些城市全部罗列在网页上，将是一件不堪设想的事情。于是，可以用表单控件中的下拉列表框和列表框。可以说，列表框主要是为了节省网页的空间而产生的。

下拉列表框是一种最节省空间的方式，正常状态下只能看到一个选项，单击下拉列表框打开列表后才能看到全部选项。

列表框可以显示一定数量的选项，如果超出了这个数量，会自动出现滚动条，浏览者可以通过拖动滚动条来查看各选项。

通过<select>和<option>标签可以设计页面中的下拉列表框和列表框效果。

基本语法：

```
<select name="name" size = value multiple disabled form="formname">
  <option value ="value" selected>选项
  <option value ="value">选项
  …
</select>
```

语法解释：

属性的含义如表 3-1-3 所示。

表 3-1-3 列表框标签的属性

属　　性	描　　　　　　述
Name	菜单和列表的名称
Size	显示的选项数目，当 size 为 1 时，为下拉列表框控件
Multiple	列表中的项目多选，用户用【Ctrl】键来实现多选
value	选项值
selected	默认选项
disabled	规定禁用该下拉列表
form	规定文本区域所属的一个或多个表单

文件范例：页面效果如图 3-1-11 所示。

```
<html>
<head>
  <title>插入列表框</title>
</head>
<body>
  <h1>用户调查</h1>
  <form action=mailto:happy@happy.com method=get name=invest>
    请选择你喜欢的音乐: <br>
    <select name="music" size=4 MULTIPLE form="music">
      <option Value="rock" Selected>摇滚乐
      <option Value="pop">流行乐
      <option Value="jazz">爵士乐
      <option Value="nation">民族乐
    </select><br>
    请选择你居住的城市: <br>
    <select name="city">
      <option Value="beijing" Selected>北京
      <option Value="shanghai">上海
      <option Value="nanjing">南京
      <option Value="guangzhou">广州
    </select><br>
    <input type="Submit" name="Submit" value="提交表单">
  </form>
</body>
</html>
```

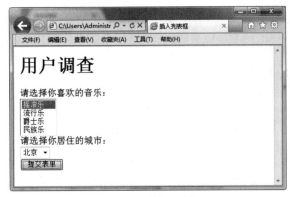

图 3-1-11 插入列表框

（6）多行文本输入框：textarea。

多行文本输入框主要用于输入较长的文本信息。

基本语法：

```
<textarea name=value cols=value rows=value value=value>
  …
</textarea>
```

语法解释：

属性的含义如表 3-1-4 所示。

表 3-1-4　多行文本输入框的属性

属　　性	描　　述	属　　性	描　　述
name	多行文本输入框名称	cols	多行文本输入框的列数
rows	多行文本输入框的行数	value	多行文本输入框的默认值

文件范例：页面效果如图 3-1-12 所示。

```
<html>
<head>
  <title>插入多行文本输入框</title>
</head>
<body>
  <h1>用户意见</h1>
  <form action=mailto:songsong@51vc.com method=get name=invest>
    请留言：<br>
    <textarea name="comment" rows=5 cols=40>
    </textarea><br>
    <input type="Submit" name="Submit" value="提交表单">
  </form>
</body>
</html>
```

图 3-1-12　插入多行文本输入框控件

（7）普通按钮。

表单中按钮起着至关重要的作用，按钮可以触发提交表单的动作，按钮可以在用户需要的时候将表单恢复到初始状态，还可以根据程序的需要，发挥其他作用。

表单中的按钮可以分为三类：普通按钮、提交按钮、重置按钮，其中普通按钮本身没有指定特定的动作，需要配合 JavaScript 脚本来进行表单处理。

基本语法：

```
<input type="button" name=btn value=value>
```

语法解释：

value 的值代表显示在按钮上面的文字。

文件范例： 页面效果如图 3-1-13 所示。

```
<html>
<head>
  <title>插入普通按钮</TITLE>
</head>
<body>
  <h1>用户调查</h1>
  <form action=mailto:songsong@51vc.com method=get name=invest>
    姓名: <input type="text" name="username" size=20><BR>
    网址: <input type="text" name="URL" size=20 maxlength=50 value="http://"><br>
    密码: <input type="password" name="password" size=20 maxlength=8><br>
    确认密码: <input type="password" name="password_confirm" size=20
maxlength=8><br>
    请选择你喜欢的音乐:
    <input type="checkbox" name="M1" value="rock" checked>摇滚乐
    <input type="checkbox" name="M2" value="jazz">爵士乐
    <input type="checkbox" name="M2" value="pop">流行乐<br>
    请选择你居住的城市:
    <input type="radio" name="city" value="beijing" checked>北京
    <input type="radio" name="city" value="shanghai">上海
    <input type="radio" name="city" value="nanjing">南京<br>
    <input type="button" name="button" value="普通按钮">
  </form>
</body>
</html>
```

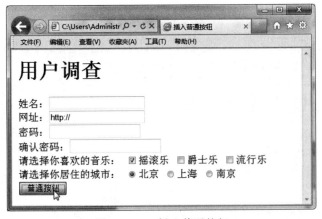

图 3-1-13　插入普通按钮

说明：此处没有为普通按钮编写相应的 JavaScript 脚本，所以单击该按钮时，没有任何反应。

（8）提交按钮：<input type="submit">。

通过提交按钮可以将表单中的信息提交给表单中 action 所指向的文件。

基本语法：

```
<input type="submit" name=btn value=value>
```

语法解释：

单击提交按钮时，可以实现表单的提交。value 的值代表显示在按钮上面的文字。

文件范例： 页面效果如图 3-1-14 所示。

```
<html>
<head>
  <title>插入提交按钮</title>
</head>
<body>
  <h1>用户调查</h1>
  <form action=mailto:happy@happy.com method=get name=invest enctype=text/
plain>
    姓名: <input type="text" name="username" size=20><br>
    网址: <input type="text" name="URL" size=20 maxlength=50 value="http://"><br>
    密码: <input type="password" name="password" size=20 maxlength=8><br>
    确认密码: <input type="password" name="password_confirm" size=20
maxlength=8><br>
    请上传你的照片: <input type="file" name="File"><br>
    请选择你喜欢的音乐:
    <input type="Checkbox" name="M1" value="rock" checked>摇滚乐
    <input type="Checkbox" name="M2" value="jazz">爵士乐
    <input type="Checkbox" name="M2" value="pop">流行乐<br>
    请选择你居住的城市:
    <input type="Radio" name="city" value="beijing" checked>北京
    <input type="Radio" name="city" value="shanghai">上海
    <input type="Radio" name="city" value="nanjing">南京<br>
    <input type="Submit" name="Submit" value="提交表单">
  </form>
</body>
</html>
```

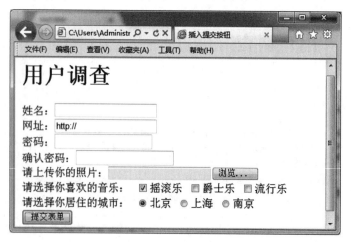

图 3-1-14 插入提交按钮

> **说明**：单击提交按钮后，由于表单设定的是以 E-mail 方式提交，所以将会弹出图 3-1-15 所示的确认对话框。单击"确定"按钮后，将会弹出图 3-1-16 所示的发送电子邮件窗口。

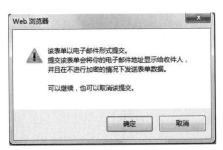

图 3-1-15　确认对话框　　　　　　图 3-1-16　发送电子邮件窗口

（9）图片式提交按钮：<input type="image">。

使用传统的按钮形式往往会让人觉得单调，如果网页使用丰富的色彩或稍复杂的设计，再使用传统的按钮形式，就会影响整体美感。这时，可以设计使用与网页整体效果统一的图片式提交按钮。图片提交按钮是指可以在提交按钮位置上放置图片，这幅图片具有提交按钮的功能。

基本语法：

```
<input type="image" src="images/icons/go.gif" alt="提交" name=value>
```

语法解释：

type="image" 相当于 <input type="submit">，不同的是，<input type="image"> 以一个图片作为表单的提交按钮；src 属性表示图片的路径；alt 属性表示鼠标在图片上悬停时显示的说明文字；name 为按钮名称。

文件范例：页面效果如图 3-1-17 所示。

```html
<html>
<head>
  <title>插入图片式提交按钮</title>
</head>
<body bgcolor=#EEEEEE>
  <h1>用户调查</h1>
  <form action=mailto:happy@happy.com method=get name=invest>
    姓名: <input type="text" name="username" size=20><br>
    网址: <input type="text" name="URL" size=20 maxlength=50 value="http://"><br>
    密码: <input type="password" name="password" size=20 maxlength=8><br>
    确认密码: <input type="password" name="password_confirm" size=20
maxlength=8><br>
    请上传你的照片: <input type="file" name="File"><br>
    请选择你喜欢的音乐:
    <input type="Checkbox" name="M1" value="rock" checked>摇滚乐
    <input type="Checkbox" name="M2" value="jazz">爵士乐
    <input type="Checkbox" name="M2" value="pop">流行乐<br>
```

```
    请选择你居住的城市：
    <input type="Radio" name="city" value="beijing" checked>北京
    <input type="Radio" name="city" value="shanghai">上海
    <input type="Radio" name="city" value="nanjing">南京<br>
    <input type="Image" name="Image" src="3-1-17.png" alt="提交表单">
  </form>
</body>
</html>
```

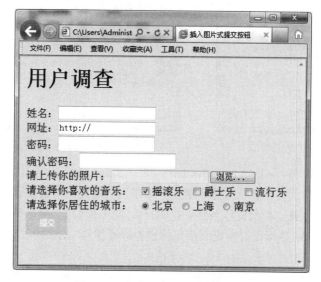

图 3-1-17　插入图片式提交按钮

（10）重置按钮：<input type="reset">。

通过重置将表单内容全部清除，恢复默认的表单内容设定，重新填写。

基本语法：

```
<input type="reset" value=value>
```

语法解释：

value 用于指定重置按钮上的说明文字。

文件范例：页面效果如图 3-1-18 所示。

```
<html>
<head>
  <title>插入重置按钮</title>
</head>
<body>
  <h1>用户信息</h1>
  <form action=mailto:happy@happy.com method=get name=invest>
    姓名: <input type="text" name="username" size=20><br>
    网址: <input type="text" name="URL" size=20 maxlength=50 value="http://"><br>
    密码: <input type="password" name="password" size=20 maxlength=8><br>
    确认密码: <input type="password" name="password_confirm" size=20
maxlength=8><br>
    请上传你的照片: <input type="file" name="File"><br>
    请选择你喜欢的音乐:
```

```
        <input type="checkbox" name="M1" value="rock" checked>摇滚乐
        <input type="checkbox" name="M2" value="jazz">爵士乐
        <input type="checkbox" name="M2" value="pop">流行乐<br>
    请选择你居住的城市：
        <input type="radio" name="city" value="beijing" checked>北京
        <input type="radio" name="city" value="shanghai">上海
        <input type="radio" name="city" value="nanjing">南京<br>
        <input type="submit" name="Submit" value="提交表单">
        <input type="reset" name="Reset" value="重置表单">
    </form>
</body>
</html>
```

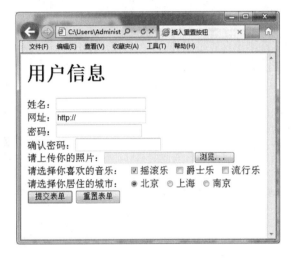

图 3-1-18　插入重置按钮

拓展与提高

1. 文件域

文件域可以让用户在内部填写自己硬盘中文件的路径，然后通过表单上传，这是文件域的基本功能。例如，发送电子邮件中的附件、用户照片上传等，都要用到文件域。

文件域的外观是一个文本框加一个"浏览"按钮，用户既可以直接将要上传的文件的路径填写到文本框中，也可以单击"浏览"按钮，在弹出的磁盘目录中找到自己要上传的文件。

基本语法：

```
<input type="file" name=value>
```

语法解释：

name 用于指定控件名称。

文件范例： 页面效果如图 3-1-19 所示。

```
<html>
<head>
  <title>插入文件域</title>
</head>
<body>
```

```
<h1>用户信息</h1>
<form action=mailto:happy@happy.com method=get name=invest>
  姓名: <input type="text" name="username" size=20><br>
  网址: <input type="text" name="URL" size=20 maxlength=50 value="http://"><br>
  密码: <input type="password" name="password" size=20 maxlength=8><br>
  确认密码: <input type="password" name="password_confirm" size=20
maxlength=8><br>
  请上传你的照片: <input type="file" name="Photo">
</form>
</body>
</html>
```

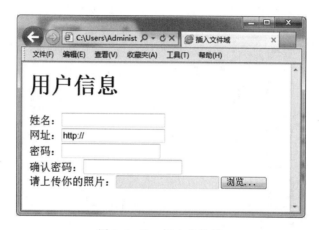

图 3-1-19　插入文件域

2. 隐藏控件

隐藏控件在页面中对用户是不可见的，在表单中插入隐藏域的目的在于搜集或发送信息，供表单处理程序使用。浏览者单击"提交"按钮发送表单时，隐藏控件的信息也一起被发送到服务器。

基本语法：

```
<input type="hidden" name=value value=value>
```

语法解释：

name 用于指定控件名称，value 用于指定隐藏控件的值，该值在用户单击"提交"按钮时，将会被提交到服务器端。

文件范例：页面效果如图 3-1-20 所示。

```
<html>
<head>
  <title>插入隐藏控件</title>
</head>
<body bgcolor=#EEEEEE>
  <h1>用户信息</h1>
  <form action=mailto:happy@happy.com method=get name=invest>
    姓名: <input type="text" name="username" size=20><br>
    网址: <input type="text" name="URL" size=20 maxlength=50 value="http://"><br>
    密码: <input type="password" name="password" size=20 maxlength=8><br>
```

```
    确认密码: <input type="password" name="password_confirm" size=20
maxlength=8><br>
    请上传你的照片: <input type="file" name="File"><br>
    请选择你喜欢的音乐:
    <input type="checkbox" name="M1" value="rock" checked>摇滚乐
    <input type="checkbox" name="M2" value="jazz">爵士乐
    <input type="checkbox" name="M2" value="pop">流行乐<br>
    请选择你居住的城市:
    <input type="radio" name="city" value="beijing" checked>北京
    <input type="radio" name="city" value="shanghai">上海
    <input type="radio" name="city" value="nanjing">南京<br>
    <input type="image" name="Image" src="tj.gif">
    <input type="hidden" name="Form_name" value="Invest">
  </form>
</body>
</html>
```

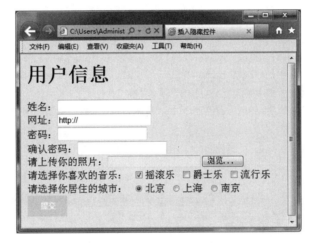

图 3-1-20　插入隐藏控件

3. 表单边框

<fieldset> 标签没有必需的或唯一的属性，可以使用<fieldset></fieldset>标签将指定的表单字段框起来，还可以使用<legend></legend>标签在方框的左上角添加说明文字。

基本语法：

```
…
<form>
  <fieldset>
    <legend>说明文字</legend>
    …
  </fieldset>
</form>
…
```

文件范例：页面效果如图 3-1-21 所示。

```
<html>
<head>
```

```
    <title>表单添加边框</title>
  </head>
  <body bgcolor=#EEEEEE>
    <h1>用户信息</h1>
    <form action=mailto:happy@happy.com method=get name=invest>
      <fieldset>
        <legend>注册</legend>
        姓名: <input type="text" name="username" size=20><br>
        网址: <input type="text" name="URL" size=20 maxlength=50 value="http://"><br>
        密码: <input type="password" name="password" size=20 maxlength=8><br>
        确认密码: <input type="password" name="password_confirm" size=20
maxlength=8><br>
        请上传你的照片: <input type="file" name="File"><br>
        请选择你喜欢的音乐:
        <input type="checkbox" name="M1" value="rock" checked>摇滚乐
        <input type="checkbox" name="M2" value="jazz">爵士乐
        <input type="checkbox" name="M2" value="pop">流行乐<br>
        请选择你居住的城市:
        <input type="radio" name="city" value="beijing" checked>北京
        <input type="radio" name="city" value="shanghai">上海
        <input type="radio" name="city" value="nanjing">南京<br>
        <input type="submit" value="提交">
        <input type="hidden" name="Form_name" value="Invest">
      </fieldset>
    </form>
  </body>
</html>
```

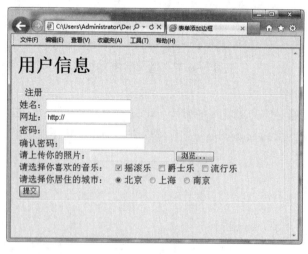

图 3-1-21　表单添加边框

拓展与提高

下面给出一个表单综合实例。

　　设计用户注册表单界面，同时使用表格规范布局，页面效果如图 3-1-22 所示。文件代码
如下：

```html
<html>
<head>
  <title>表单综合实例</title>
</head>
<body bgcolor=EDDD70>
  <form action="mailto:formtest@sina.com" method="get" enctype=text/plain>
    <fieldset>
    <legend><font face="幼圆" size="4" color= #802781>[用户注册]</font></legend>
      <table border=0>
        <tr><td>用户名：
        <td colspan=4 valign=middle><input type="text" name="name"  value=""
size=12  maxlength=18>
        <tr><td>密码：
        <td colspan=4><input type="password" name="pass" size=12 maxlength=8
value="">
        <tr><td>请再次输入密码：
        <td    colspan=4><input    type="password"    name="pass1"    size=12
maxlength=8 value="">
        <tr><td>性别：
        <td colspan=4><input type="radio" name="sex" value="1" checked>女
                      <input type="radio" name="sex" value="2">男
        <tr><td>证件:<td colspan=4><select  name="xueli"  size="1">
          <option value="a">学生证</option>
          <option value="b">身份证</option>
          <option value="3">军官证</option>
          <option value="e">工作证</option>
            </select>
        <tr><td>证件号码：
          <td  colspan=4><input  type="text"  name="num"  value=""  size=12
maxlength=15>
          <tr><td>个人简介：
          <td    colspan=4><textarea    name="note"    rows="4"    cols="64"
accesskey="r">在此输入个人主要经历</textarea>
          <tr><td> 头 像 :<td  colspan=4><input  type="file"  name="wenjian"
size="14">
          <tr><td>兴趣爱好: <td><input  type="checkbox" name="hh" value="IT">
旅游
          <td><input  type="checkbox"  name="hh"  value="XX">购物
          <td><input  type="checkbox"  name="hh"  value="FW">运动
          <td><input  type="checkbox"  name="hh"  value="JY">音乐</td></tr>
          <tr><td align=left valign=middle>
          <input type="submit" name="send" value="提交">
          <input type="reset" name="clear" value="重填"></td></tr>
      </table>
    </fieldset>
  </form>
</body>
</html>
```

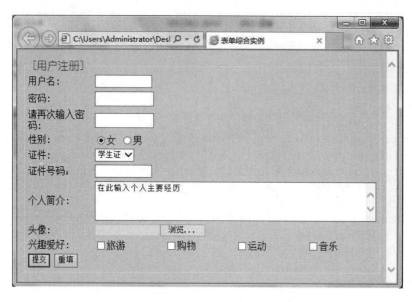

图 3-1-22　表单综合实例

技能训练

熟悉表单控件的属性，练习 HTML 表单的设计。

任务完成

（1）设计论坛登录表单界面，包括用户名、密码、提交按钮。

（2）设置表单控件属性，用户名、密码最大输入长度为 10，显示长度为 8，数据传输方式为 post，后端处理程序为 test.asp。

（3）在浏览器端访问测试。

评　价

任务完成评价表					
职业能力	内　　　容		评　　价		
	能力目标	评价项目	3	2	1
	站点发布	能根据需要设计表单界面			
		能正确设置表单控件属性			
通用能力	欣赏能力				
	独立构思能力				
	解决问题的能力				
	自我提高的能力				
	组织能力				
综合评价					

思考与练习

1. 思考网页设计中引入表单的目的。
2. 思考表单设计的步骤及重点。

任务二　窗口框架的使用

任务描述

项目经理提示小张，网页设计过程中，最好使网页的各部分相互独立，这些分开的部分又组成一个完整的网页，显示于浏览者的浏览器中。重复出现的内容被固定下来，每次浏览者发出对页面的请求时，只下载发生变化的部分，其他子页面保持不变，必然能给浏览者带来方便，节省时间。为了达到这个要求，小张打算引入框架。

任务分析

很多网站的页面是用表格布局的，其实除了表格，还有一种很方便的工具，那就是框架。框架的作用就是把浏览器窗口划分为若干个区域，每个区域可以分别显示不同的子页面，起到页面布局的效果。使用框架可以非常方便地完成导航工作，而且各个框架之间不存在干扰问题。

方法与步骤

（1）选择"开始"|"程序"|"附件"|"记事本"命令，打开记事本程序。

（2）在记事本中输入如下 HTML 代码：

```
<html>
<frameset rows="25%,50%">
  <frame src="top.html" frameborder=1>
  <frameset cols="25%,75%">
  <frame src="left.html" frameborder=1>
  <frame src="right.html"frameborder=1>
</frameset>
</html>
```

（3）从记事本菜单中选择"文件"|"保存"命令，弹出"另存为"对话框。在对话框中选择保存位置，将文件名设置为 index.htm，单击"保存"按钮。

（4）浏览刚刚创建的网页 index.htm，结果如图 3-2-1 所示。

相关知识

1. 框架的含义和基本构成

框架的作用就是把浏览器窗口划分成若干区域，每个区域可以分别显示不同的网页。使用框架可以非常方便地完成导航工作，而且各个框架之间不存在干扰问题，所以框架技术一直应用于网站导航。

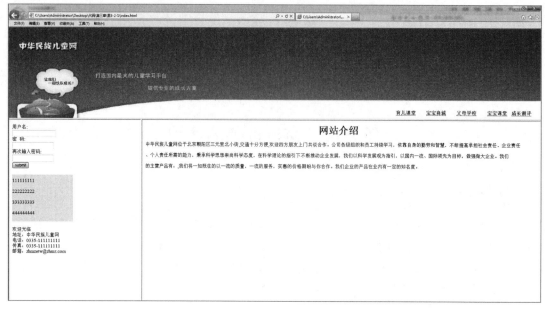

图 3-2-1　页面效果

　　使用框架网页最主要的目的是创建链接的结构，导航栏被放置于一个框架之中，可以单击导航按钮向服务器请求网页，链接的网页就会出现在另外的框架中，而导航栏所在的网页不发生变化。同时框架网页还可以免除来回切换窗口的麻烦。如果网页的内容很长，浏览者拖动滚动条到了页面底部后还要切换到别的页面，可以不必拖动滚动条返回页面顶部，因为导航栏在另外的框架中，并不受内容框架滚动的影响。

　　所有的框架标记要放在一个 HTML 文档中，HTML 页面的文档体标签\<body\>被框架集标签\<frameset\>所取代，然后通过\<frameset\>的子窗口标签\<frame\>定义每一个子窗口和子窗口的页面属性。

基本语法：

```
<html>
<head>
</head>
<frameset>
  <frame src="url 地址 1">
  <frame src="url 地址 2">
  …
</frameset>
</html>
```

语法解释：

　　每个 frame 子框架的 src 属性的 URL 值指定了一个 HTML 文件（这个文件必须事先做好）地址，地址路径可使用绝对路径或相对路径，这个文件将载入相应的窗口中。

　　框架结构可以根据框架集标签\<frameset\>的分割属性分为三种：

　　① 左右分割窗口；

　　② 上下分割窗口；

　　③ 嵌套分割窗口。

2. 框架集<frameset>

框架集<frameset>的常用属性如表 3-2-1 所示。

表 3-2-1　<frameset>常用属性

属　　性	描　　　　　述
border	设置边框粗细，默认是 5 像素
bordercolor	设置边框颜色
frameborder	指定是否显示边框："0" 代表不显示边框，"1" 代表显示边框
cols	用 "像素数" 和 "%" 分割左右窗口，"*" 表示剩余部分
rows	用 "像素数" 和 "%" 分割上下窗口，"*" 表示剩余部分
framespacing	表示框架与框架间保留的空白的距离
noresize	设定框架不能调节大小，只要设定了前面的，后面的将继承

（1）左右分割窗口属性 cols。

如果想要在垂直方向将浏览器分割为多个窗口，需要用到框架集的左右分割窗口属性 cols。分割几个窗口其 cols 属性的值就有几个，值的定义为宽度，可以是数字（单位为像素），也可以是百分比和剩余值。各值之间用逗号分开，其中剩余值用 "*" 号表示，剩余值表示所有窗口设定之后的剩余部分，当 "*" 只出现一次时，表示该子窗口的大小将根据浏览器窗口的大小自动调整，当 "*" 出现一次以上时，表示按比例分割剩余的窗口空间。cols 的默认值为一个窗口。例如：

```
<frameset rows="150,300,150">    将窗口分为 150 像素，300 像素，150 像素
<frameset cols="40%,2*,*">       将窗口分为 40%，40%，20%
<frameset cols="100,*,*">        将除 100 像素以外的窗口平均分成两个
<frameset cols="*,*,*">          将窗口分为三等份
```

（2）上下分割窗口属性 rows。

上下分割窗口的属性设置和左右分割窗口的属性设置是一样的，参照左右分割即可。

3. 子窗口<frame>标签的设定

<frame>是个单标签，<frame>标签要放在框架集 frameset 中，<frameset>设置了几个子窗口就必须对应几个<frame>标签，而且每个<frame>标签内还必须设定一个网页文件(src="*.html")，<frame>标签常用属性如表 3-2-2 所示。

表 3-2-2　<frame>常用属性

属　　性	描　　　　　述
src	指定加载的 url 文件的地址
bordercolor	设置边框颜色
frameborder	指定是否显示边框："0" 代表不显示边框，"1" 代表显示边框
border	设置边框粗细
name	指定框架名称，是链接标记的 target 所要的参数
noresize	指定不能调整窗口的大小，省略此项时可调整
scrolling	指定是否要滚动条，auto 表示根据需要自动出现，yes 表示有，no 表示无

续表

属　　性	描　　　　　述
marginwidth	设置内容与窗口左右边缘的距离，默认值为 1
marginheight	设置内容与窗口上下边缘的边距，默认值为 1
width/height	框架的宽和高，默认为 width="100"和 height="100"
align	可选值为 left、right、top、middle、bottom

　　子窗口的排列遵循从左到右、从上到下的次序。首先新建一个文件夹，然后做四个要放到子窗口中的页面，page1.html、page2.html、page3.html、page4.html。

（1）窗口的上下设定。

文件范例：上下分割窗口框架，效果如图 3-2-2 所示。

```
<html>
<head>
  <title>上下分割窗口框架</title>
</head>
<frameset rows="20%,2*,*" framespacing="1" frameborder="1" border="1"
 bordercolor="#FF00FF">
  <frame src="page1.html">
  <frame src="page2.html">
  <frame src="page3.html">
</frameset><noframes></noframes>
</html>
```

图 3-2-2　上下分割窗口框架

（2）窗口的左右设定。

文件范例：左右分割窗口框架，效果如图 3-2-3 所示。

```
<html>
<head>
  <title>左右分割窗口框架</title>
</head>
<frameset cols="20%,*,200" framespacing="1" frameborder="1" border="1"
bordercolor="#FF00FF">
  <frame src="page1.html">
  <frame src="page2.html">
  <frame src="page3.html" noresize="noresize">
</frameset><noframes></noframes>
</html>
```

图 3-2-3 左右分割窗口框架

（3）窗口的嵌套设定。

文件范例 1：嵌套分割窗口框架 1，效果如图 3-2-4 所示。

```
<html>
<head>
  <title>嵌套分割窗口框架1</title>
</head>
<frameset cols="30%,*" framespacing="1" frameborder="1" border="1"
bordercolor="#FF00FF">
  <frame src="page1.html">
    <frameset rows="300,500" framespacing="1" frameborder="1" border="1"
    bordercolor="#FF00FF">
      <frame src="page2.html">
      <frame src="page3.html">
    </frameset>
</frameset><noframes></noframes>
</html>
```

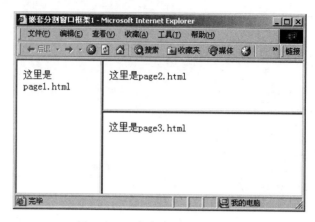

图 3-2-4　嵌套分割窗口框架 1

文件范例 2：嵌套分割窗口框架 2，效果如图 3-2-5 所示。

```
<html>
<head>
  <title>嵌套分割窗口框架 2</title>
</head>
<frameset rows="20%,*,15%" framespacing="1" frameborder="1" border="1"
bordercolor="#FF00FF">
  <frame src="page1.html">
    <frameset cols="20%,*"framespacing="1" frameborder="1" border="1"
    bordercolor="#FF00FF">
      <frame src="page2.html">
      <frame src="page3.html">
    </frameset>
  <frame src="page4.html">
</frameset><noframes></noframes>
</html>
```

图 3-2-5　嵌套分割窗口框架 2

大家看到上面的文件范例中还有一对<noframes></noframes>标签，即使在做框架集网页时没有这对标签，文件在很多浏览器解析时也会自动生成<noframes>标签。如果没有这对标签，当浏览者使用的浏览器版本太低，不支持框架这个功能时，看到的将会是一片空白。为了避免这种情况，应使用<noframes>这个标签。

4. 窗口的名称和链接

如果在窗口中要做链接，就必须为每一个子窗口命名，以便于窗口间的链接。窗口命名要有一定的规则：名称必须是单个英文单词；允许使用下画线，但不允许使用"—"，句点和空格等；名称必须以字母开头；不能使用数字，也不能使用网页脚本中保留的关键字。在窗口的链接中还要用到一个新的属性 target，这个属性可以将被链接的内容放置到想要放置的窗口内。下面的实例就是窗口内的命名和链接方法。

文件一中的片断代码格式为：

```
<p><a href="page1.html" target="a2">链接第一页</a></p>
<p><a href="page2.html" target="a3">链接第二页</a></p>
<p><a href="page3.html" target="a2">链接第三页</a></p>
<p><a href="page4.html" target="a3">链接第四页</a></p>
<p><a href="http://www.sohu.com.cn" target="a3">搜狐网站</a></p>
```

文件二中的片断代码格式为：

```
<frame src="directory.html" name="a1">
<frame src="page1.html" name="a2">
<frame src="page2.html" name="a3" noresize="noresize">
```

文件范例 1：

文件一：目录 directory.html，效果如图 3-2-6 所示。

```
<html>
<head>
  <title>目录</title>
</head>
<body>
  <center>
    <h2>目录</h2>
    <hr>
    <p><a href="page1.html" target="a2">链接第一页</a></p>
    <p><a href="page2.html" target="a3">链接第二页</a></p>
    <p><a href="page3.html" target="a2">链接第三页</a></p>
    <p><a href="page4.html" target="a3">链接第四页</a></p>
    <p><a href="http://www.sohu.com.cn" target="a3">搜狐网站</a></p>
  </center>
</body>
</html>
```

图 3-2-6　目录

文件范例 2：

文件二：链接 link.html，效果如图 3-2-7 所示。

```
<html>
<head>
  <title>链接</title>
</head>
<frameset cols="20%,*,200" framespacing="1" frameborder="1" border="1"
 bordercolor="#99CCFF">
    <frame src="directory.html" name="a1">
    <frame src="page1.html" name="a2">
    <frame src="page2.html" name="a3" noresize="noresize">
</frameset><noframes></noframes>
</html>
```

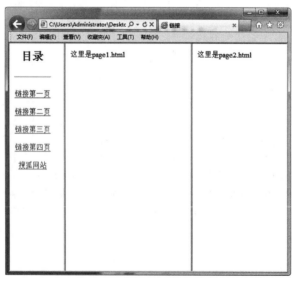

图 3-2-7　链接

5. 含有 noresize="noresize" 属性的框架结构

在默认框架中，框架边框可以手动更改尺寸和大小，在本例中框架是不可调整尺寸的。在框架间的边框上拖动鼠标，你会发现边框是无法移动的。

文件范例：如图 3-2-8 所示。

```html
<html>
<frameset cols="50%,*,25%">
  <frame noresize="noresize" />
  <frame>
  <frame>
</frameset>
</html>
```

图 3-2-8　框架大小不可更改

6. 跳转到框架的指定节

在很多实际应用中，有时候需要利用一个框架跳转到另一个框架的指定位置，这时候就需要使用<a name=name> 标识位置进行跳转操作。

文件范例：如图 3-2-9 所示。

main.html 的 HTML 代码如下：

```html
<html>
<frameset cols="180,*">
  <frame src="content.html">
  <frame src="link.html" name="showframe">
</frameset><noframes></noframes>
</html>
```

content.html 的 HTML 代码如下：

```html
<html>
<body>
  <a href="link.html" target="showframe">没有锚的链接</a>
  <a href="link.html#C10" target="showframe">带有锚的链接</a>
</body>
</html>
```

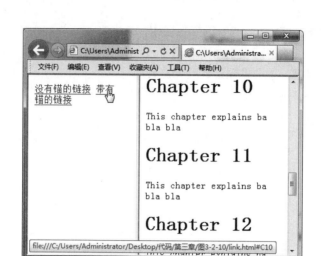

图 3-2-9　框架定位

拓展与提高

浮动窗口标签<iframe>只适用于 IE 浏览器。它的作用是在浏览器窗口中嵌入一个框窗以显示另一个文件，此标签的属性及其含义如表 3-2-3 所示。

表 3-2-3　<iframe>标签属性及含义

属　　性	含　　　　　义
src	浮动框窗中要显示的页面文件的路径，可以是相对路径或绝对路径
name	框窗名称，这是链接标记 target 参数所需要的
align	可选值为 left、right、top、middle、bottom
height	框窗的高，以像素为单位
width	框窗的宽，以像素为单位
marginwidth	该插入文件与左右边框之间的距离
marginheight	该插入文件与上下边框之间的距离
frameborder	当值为 1 时表示显示边框，0 则不显示（可以用 yes 或 no 表示）
scrolling	当值为 yes 时表示允许滚动（默认），no 则不允许滚动

基本语法：

```
<iframe src="iframe.html" name="test" align="middle" width="300" height=
"100" marginwidth="1" marginheight="1" frameborder="1" scrolling="yes">
```

文件范例：

文件 fc.html：浮动窗口显示页面。

```
<html>
<head>
  <title>浮动窗口显示页面</title>
</head>
<body>
  <center>
```

　　这是一个浮动窗口
　</center>
</body>
</html>
文件 fd.html：浮动窗口嵌入效果如图 3-2-10 所示。

```html
<html>
<head>
  <title>浮动窗口</title>
</head>
<body bgcolor="#DDFFDD">
  <center>
    <iframe src="fc.html" name="aa" width="300" height="100" marginwidth="30"
    marginheight="20" align="middle">
    </iframe>
      <p><a href="page1.html" target="aa">在浮动窗口中显示第一页</a></p>
      <p><a href="page2.html" target="aa">在浮动窗口中显示第一页</a></p>
      <p><a href="page3.html" target="aa">在浮动窗口中显示第一页</a></p>
  </center>
</body>
</html>
```

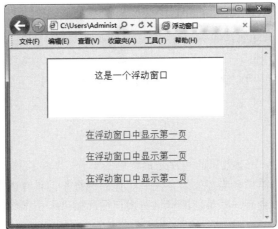

图 3-2-10　浮动窗口

技能训练

练习 HTML 中窗口框架的使用。

任务完成

（1）建立网站首页，先水平拆分为 20% 和 80%，下半部分垂直拆分为 30% 和 70%。

（2）设置上半部分页面为站点导航页，左下部分为目录页，右下部分为内容显示区域。

（3）在浏览器端访问测试。

评 价

任务完成评价表					
职业能力	内　　　容		评　　价		
	能力目标	评价项目	3	2	1
	站点发布	能正确完成窗口拆分			
		能正确设置每个部分显示的内容			
		能正常访问			
通用能力	欣赏能力				
	独立构思能力				
	解决问题的能力				
	自我提高的能力				
	组织能力				
综合评价					

思考与练习

1. 思考框架窗格与表格、浮动窗口的区别。
2. 利用框架设计网站导航页面。

任务三　多媒体页面设计

任务描述

在网页设计的过程中，动态效果的实现是最精彩的部分。完成了网站的基本内容设计之后，接下来小张打算在页面中添加多媒体效果，使所制作的网页不但具有动态效果，而且内容显得更加丰富多彩。网站经常会有一些最新的资讯对用户循环播出，小张将该功能通过滚动字幕来实现。

任务分析

在网页设计过程中，动态效果的插入，会使网页更加生动灵活、丰富多彩。在网页中适当地添加一些多媒体特效，可以给浏览者的听觉和视觉带来强烈震撼，从而留下深刻的印象。在网页中可以加入滚动字幕特效，还可以插入很多多媒体元素，如音频、视频和 Flash 元素对象等。通过对这些元素的使用，可以增强页面的可视性。

方法与步骤

滚动字幕设计

（1）选择"开始"｜"程序"｜"附件"｜"记事本"命令，打开记事本程序。

（2）在记事本中输入如下 HTML 代码：

```html
<html>
<body leftMargin=0 topMargin=25 marginheight="0" marginwidth="0">
  <table  width=100% border=0>
    <tr>
      <td align=center><font color=#5A93DF face=黑体 size=3>最新消息</font>
      </td>
    <tr>
      <td valign=top height=150 bgcolor=#eeeeee><font size=2>
      <marquee direction=up behavior=scroll scrollamount=2 scrolldelay=11
width=100% height=110px onmouseover=this.stop() onmouseout=this.start()>
      <a href=#>家长须知</a><br><a href=#>儿童须知</a><br><a href=#>网站导航
</a><br><a href=#>网站信息</a><br><a href=#>其他通知</a><br>
</marquee></font>
      </td>
    </tr>
    <tr><td> </td></tr>
    <tr>
      <td align="center"><font color=#5A93DF face=黑体 size=3>欢迎惠顾</font>
</td>
    </tr>
    <tr><td> </td></tr>
    <tr><td align="left"><font size=2>地  址: 中华民族儿童网</font></td></tr>
    <tr><td align="left"><font size=2>电  话: 030-5555555</font></td></tr>
    <tr><td align="left"><font size=2>传  真: 030-5555555</font></td></tr>
    <tr><td align="left"><font size=2>邮  箱: zhmzetw@zhmzetw.com</font>
</td></tr>
  </table>
</body>
</html>
```

（3）从记事本菜单中选择"文件" | "保存"命令，弹出"另存为"对话框。在对话框中选择保存位置，将文件名设置为 left.htm，单击"保存"按钮。

（4）浏览刚刚创建的网页 left.htm，效果如图 3-3-1 所示。

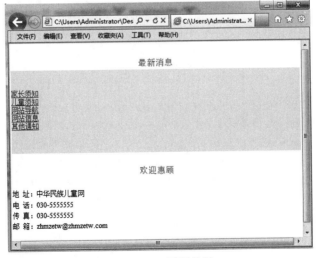

图 3-3-1　页面效果

相关知识

1. 滚动字幕标签<marquee>

<marquee>标签可以实现元素在网页中移动的效果，以达到动感十足的视觉效果。<marquee>标签是一个成对的标签。

基本语法：

<marquee 属性 1=value …>滚动内容</marquee>

语法解释：

滚动内容可以是图片或文字。

<marquee>标签有很多属性，用来定义元素的移动方式，如表 3-3-1 所示。

表 3-3-1 <marquee>的属性

属 性	描 述
direction	设定文字的滚动方向，left 表示向左，right 表示向右，up 表示向上滚动
loop	设定文字滚动次数，其值是正整数或 infinite 表示无限次，默认为无限循环
height	设定字幕高度
width	设定字幕宽度
scrollamount	指定每次移动的速度，数值越大速度越快
scrolldelay	文字每一次滚动的停顿时间，单位是毫秒，时间越短滚动越快
align	指定滚动文字与滚动屏幕的垂直对齐方式，取值 top、middle、bottom
bgcolor	设定文字滚动范围的背景颜色
hspace	指定字幕左右空白区域的大小
vspace	指定字幕上下空白区域的大小

文件范例：滚动字幕，效果如图 3-3-2 所示。

```
<html>
<head>
  <title>滚动字幕</title>
</head>
<body>
  <center>
    <marquee height="60" width="800" direction="left" scrollamount="3"
hspace="5" vspace="5">第一行向左滚动文字<br>第二行向左滚动文字</marquee>
    <marquee><img src="1.jpg"> <img src="2.jpg">图片也可以滚动</marquee>
    <marquee bgcolor="#FFFFCC" width="700" direction="right" vspace="30">
    <font size="+2" color="#FF0000">有背景的滚动文字</font></marquee>
  </center>
</body>
</html>
```

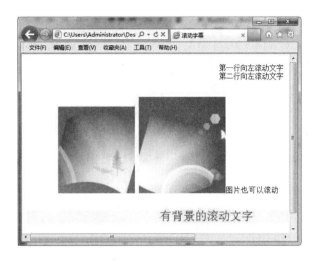

图 3-3-2　滚动字幕

（1）滚动方向属性 direction。

可以设置文字滚动方向为向上、向下、向左、向右。

基本语法：

`<marquee direction=value>滚动内容</marquee>`

语法解释：

属性的取值如表 3-3-2 所示。

表 3-3-2　滚动方向属性

direction 属性值	描　　述	direction 属性值	描　　述
up	滚动文字向上	left	滚动文字向左
down	滚动文字向下	right	滚动文字向右

文件范例：页面效果如图 3-3-3 所示。

图 3-3-3　不同方向的滚动文字

```
<html>
<head>
  <title>不同方向的滚动文字</title>
```

```
</head>
<body>
  <marquee direction=left>滚动文字效果：不同方向</marquee>
  <marquee direction=right>滚动文字效果：不同方向</marquee>
  <marquee direction=up>滚动文字效果：不同方向</marquee>
  <marquee direction=down>滚动文字效果：不同方向</marquee>
</body>
</html>
```

（2）滚动方式属性 behavior。

可以设置不同的滚动效果，如滚动的循环重复、交替滚动等。

基本语法：

```
<marquee behavior=value>滚动内容</marquee>
```

语法解释：

属性的取值如表 3-3-3 所示。

表 3-3-3　滚动方式属性

behavior 属性值	描　　　　述
scroll	循环滚动
slide	只进行一次滚动
alternate	交替滚动

文件范例：页面效果如图 3-3-4 所示。

```
<html>
<head>
  <title>不同方式的滚动文字</title>
</head>
<body>
  <marquee behavior="scroll">滚动文字效果：不同方式</marquee>
  <marquee behavior="slide">滚动文字效果：不同方式</marquee>
  <marquee behavior="alternate">滚动文字效果：不同方式</marquee>
</body>
</html>
```

图 3-3-4　不同方式的滚动文字

（3）滚动速度属性 scrollamount。

可以设置滚动内容不同的滚动速度。

基本语法：

```
<marquee scrollamount=value>滚动内容</marquee>
```

语法解释：

value 取值单位为像素。

文件范例：此处设置文字每次滚动 30 像素，页面效果如图 3-3-5 所示。

```
<html>
<head>
  <title>滚动文字的速度</title>
</head>
<body>
  <marquee  scrollamount=30>滚动文字的速度</marquee>
</body>
</html>
```

图 3-3-5　滚动文字的速度设置

（4）滚动延迟属性 scrolldelay。

可以设置每次滚动间隔的延迟时间。

基本语法：

```
<marquee scrolldelay=value>滚动内容</marquee>
```

语法解释：

value 取值单位为毫秒。

文件范例：此处设置滚动速度为 100 像素，滚动延迟为 0.5 秒，页面效果如图 3-3-6 所示。

```
<html>
<head>
  <title>滚动文字的延迟</title>
</head>
<body>
  <marquee scrolldelay=500 scrollamount=100>滚动文字的延迟</marquee>
</body>
</html>
```

图 3-3-6　滚动文字的延迟设置

（5）滚动循环属性 loop。

可以设置滚动循环次数。

基本语法：

```
<marquee loop=value>滚动内容</marquee>
```

语法解释：

value 指定循环次数，如果为-1，则无限滚动循环。

文件范例： 页面效果如图 3-3-7 所示。

```
<html>
<head>
  <title>滚动文字的循环</title>
</head>
<body>
  <marquee loop=-1>滚动文字的循环</marquee>
</body>
</html>
```

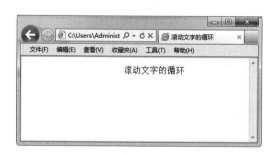

图 3-3-7　滚动文字的循环设置

（6）滚动范围属性 width 和 height。

可以设置滚动区域的宽度和高度。

基本语法：

```
<marquee width=value height=value>滚动内容</marquee>
```

语法解释：

value 指定循环区域的大小，单位为像素。

文件范例： 页面效果如图 3-3-8 所示。

```
<html>
<head>
  <title>滚动文字的区域</title>
```

```
</head>
<body>
  <marquee width=260 height=60>滚动文字的区域</marquee>
</body>
</html>
```

图 3-3-8　滚动文字的区域设置

（7）滚动背景颜色属性 bgcolor。

可以设置滚动区域的背景颜色。

基本语法：

`<marquee bgcolor=color_value>滚动内容</marquee>`

语法解释：

color_value 为滚动区背景颜色值，取值可以为英文单词或十六进制数。

文件范例： 页面效果如图 3-3-9 所示。

```
<html>
<head>
  <title>滚动文字的背景颜色</title>
</head>
<body>
  <marquee width=450 height=60 bgcolor="#33ccff">滚动文字的背景颜色</marquee>
</body>
</html>
```

图 3-3-9　滚动区域背景颜色设置

（8）滚动空间属性 hspace 和 vspace。

可以设置滚动内容与周围内容的水平、垂直空白区域。

基本语法：

`<marquee hspace=value vspace=value>滚动内容</marquee>`

语法解释：

value 值的单位默认为像素。

文件范例：页面效果如图 3-3-10 所示。

```
<html>
<head>
  <title>滚动文字的空间</title>
</head>
<body>
  <marquee width=450 height=60 bgcolor="#00ccff" hspace=30 vspace=30>滚动
文字的空间</marquee>
</body>
</html>
```

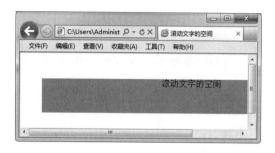

图 3-3-10　滚动区域空间设置

2. 插入多媒体文件

在网页中可以用<embed>标签插入多媒体文件，如插入音乐和视频等。

基本语法：

```
<embed src=File_url width=value height=Value hidden=value autostart=value
startime=value loop=value volume=value controls=value></embed>
```

语法解释：

<embed>标签常用属性如表 3-3-4 所示。

表 3-3-4　<embed>标签常用属性

属　　　性	描　　　　　　　　述
src	设定音乐文件的路径
autostart=true/false	音乐文件是否传送完才开始播放，true 表示是，false 表示不是，默认为 false
loop=true/false	设定播放重复次数，loop=6 表示重复 6 次，true 表示无限次播放，false 表示播放一次即停止
startime="分:秒"	设定音乐开始播放的时间，如 20s 后播放写为 startime=00:20
volume=0–100	设定音量的大小。如果没设定，就用系统的音量
width/ height	设定音乐播放控件面板的大小
hidden=true	隐藏播放控件面板
controls=console/smallconsole	设定播放控件面板的外观

文件范例 1：插入音乐，效果如图 3-3-11 所示。

```
<html>
<head>
  <title>插入音乐</title>
</head>
```

```
<body>
  <center>
    <h2>网页中的音乐</h2>
    <hr>
    <embed src="上海滩.wma" height=100 width=300 loop="false">
  </center>
</body>
</html>
```

图 3-3-11　插入音乐文件

文件范例 2：插入多媒体文件，效果如图 3-3-12 所示。

```
<html>
<head>
  <title>插入多媒体文件</title>
</head>
<body>
  <h2 align="center">网页中的多媒体</h2>
  <hr>
  <center>
    <embed src="花木兰.rm" width="300" height="300" loop="false">
  </center>
</body>
</html>
```

图 3-3-12　插入多媒体文件

文件范例 3：插入 flash 文件，效果如图 3-3-13 所示。

```html
<html>
<head>
  <title>插入 flash</title>
</head>
<body>
  <center>
    <h2>网页中的 flash</h2>
    <hr>
    <embed src="1.swf" height="200" width="300">
  </center>
</body>
</html>
```

图 3-3-13 插入 flash 文件

3. 嵌入背景音乐

背景音乐是加载页面后会自动开始播放的音乐。<bgsound>标签用来设置网页的背景音乐。

基本语法：

```html
<bgsound src="your.mid" autostart=true loop=infinite hidden=true>
```

语法解释： src 属性设置背景音乐的路径；autostart 控制背景音乐是否自动播放；loop 控制播放的次数，若值设为 infinite，则不停地反复播放；hidden 设置播放控制面板是否隐藏。

文件范例： 背景声音。

```html
<html>
<head>
  <title>背景声音</title>
</head>
<body>
  <center>
    <h2>网页的背景声音</h2>
    <hr>
  </center>
```

```
<bgsound src="二泉映月.wma" autostart=true loop=infinite hidden=true>
</body>
</html>
```

> 注意：背景音乐可以放在<body></body>或<head></head>之间。

拓展与提高

使用<img>标签也可以在网页中嵌入视频文件。

基本语法：

```
<img dynsrc="视频文件" src="图像文件" start=开始时间 loop=播放次数>
```

语法解释：

dynsrc 属性设置要播放的视频文件；src 用于指定视频的"封面"图像；start 控制视频开始播放的时间，其参数值可以为 fileopen 或 mouseover，fileopen 为默认方式，即在网页打开时就开始播放视频文件。mouseover 为鼠标移动到播放区域时，开始播放；loop 控制播放的次数。

文件范例：在网页中嵌入视频文件，播放两次。页面效果如图 3-3-14 所示。

```
<html>
<head>
  <title>嵌入视频</title>
</head>
<body>
  <center>
    <h2>嵌入视频文件</h2>
    <hr>
  </center>
  <img dynsrc="butterfly.avi" src="a1.jpg" start=mouseover loop=2>
</body>
</html>
```

图 3-3-14　嵌入视频文件

技能训练

熟悉 HTML 文件中滚动字幕、音乐、视频等多媒体内容的使用。

任务完成

（1）设计滚动新闻显示页面，内容自定，宽度 200px，高度 600px，方向自下向上，循环次数为无限。

（2）为页面添加背景音乐，文件自选。

（3）在页面中嵌入视频文件，文件自选。

（4）在浏览器端访问测试。

评 价

任务完成评价表					
职业能力	内 容		评 价		
	能力目标	评价项目	3	2	1
	站点发布	能熟练设计滚动字幕			
		能正确添加背景音乐			
		能恰当运用视频文件			
通用能力	欣赏能力				
	独立构思能力				
	解决问题的能力				
	自我提高的能力				
	组织能力				
综合评价					

思考与练习

1. 思考网页设计中引入多媒体特效的注意事项。

2. 综合利用本单元知识，设计广告页面。

实训　网站高级设计

1. 实训目的

（1）掌握框架网页的设计方法。

（2）掌握框架的属性设置。

（3）掌握在网页中插入多媒体对象的方法。

（4）掌握表单的设计方法。

2. 软件环境

Windows XP/7、Dreamweaver CS6。

3. 实训内容

设计中华民族儿童网的框架，具体要求如下：

（1）网页上部为导航栏，显示网站其他页面链接。

框架网页设计

（2）下面分左右两部分，左侧显示"最新资讯"及地址信息，右侧为网站主要显示区域，单击导航栏超链接，在该区域打开相关页面；页面效果如图 3-4-1 所示。

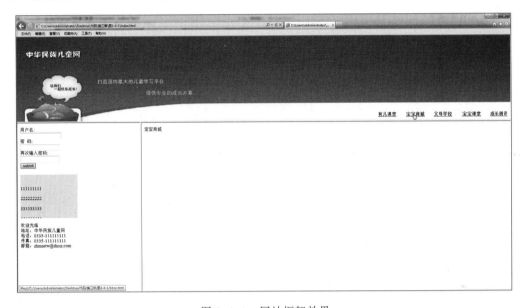

图 3-4-1　网站框架效果

index.html 参考代码如下：

```html
<html>
<frameset rows="25%,50%">
  <frame src="top.html" frameborder=1>
  <frameset cols="25%,75%">
  <frame src="left.html" frameborder=1>
  <frame src="right.html"frameborder=1>
</frameset>
</html>
```

top.html 参考代码如下：

```html
<html>
  <body style="background-image: url(head.jpg);background-size:auto; ">
    <a href="czcp.html" target="right.html"><span style="position:
absolute;bottom:10;right:10;font-weight:bold;">成长测评</span></a>
      <a href="bbkt.html" target="right.html"><span style="position:
absolute;bottom:10;right:110;font-weight:bold;">宝宝课堂</span></a>
      <a href="fmxx.html" target="right.html"><span style="position:
absolute;bottom:10;right:210;font-weight:bold;">父母学校</span></a>
```

```
    <a  href="bbsc.html"   target="right.html"><span  style="position:
absolute;bottom:10;right:310;font-weight:bold;">宝宝商城</span></a>
    <a  href="yrkt.html"   target="right.html"><span  style="position:
absolute;bottom:10;right:410;font-weight:bold;">育儿课堂</span></a>
  </div>
 </body>
</html>
```

left.html 参考代码如下：

```
<html>
 <body>
  <form>
    用户名:<br/>
    <input type="text" id="name" /><br/>
    密 码:<br/>
    <input type="password" id="password" /><br/>
    再次输入密码:<br/>
    <input type="password" id="conform" /><br/>
    <input type="submit" value="submit" />
  </form>
  <marquee direction=Up behavior="Scroll" scrollamount=3
bgcolor= "#ddedfb" width="200px" height="150px">
    111111111<br><br>
    222222222<br><br>
    333333333<br><br>
    444444444<br><br>
  </marquee>
  <br><br>
    欢迎光临<br>地址: 中华民族儿童网<br>电话: 0335-111111111<br>
传真: 0335-111111111<br>邮箱: zhmzetw@zhmz.com
 </body>
</html>
```

fmxx.html 参考代码如下：

```
<html>
 <body>
    父母学校
 </body>
</html>
```

yrkt.html 参考代码如下：

```
<html>
 <body>
    育儿课堂
 </body>
</html>
```

bbkt.html 参考代码如下：

```
<html>
 <body>
```

```
        宝宝课堂
    </body>
</html>
```

bbsc.html 参考代码如下：

```
<html>
    <body>
        宝宝商城
    </body>
</html>
```

4. 评价

实训评价表					
	内　　容		评　　价		
能力目标	评价项目		3	2	1
职业能力	创建框架	能根据需要设计框架网页			
		能正确设置框架属性			
	添加多媒体	能熟练添加滚动字幕			
		能添加动画、音乐等多媒体特效			
	设计表单	能熟练添加页面内容			
		能熟练使用表单控件			
		能灵活设置控件属性			
通用能力	欣赏能力				
	独立构思能力				
	解决问题的能力				
	自我提高的能力				
	组织能力				
综合评价					

层叠样式表

层叠样式表即 CSS，是 Cascading Style Sheet 的缩写。样式为控制文本或文本区域外观的一组属性，样式表则包括文档中的所有格式，而外部样式表则可以同时控制若干文档的格式。

样式表可以定义 HTML 的标签格式，也可定义由 class 属性标识的文本区域以及符合 CSS 规则的文本。CSS 样式是用来进行网页风格设计的。通过本单元的学习，读者将制作出风格独特的网页，使自己的网页呈现一种全新的艺术表现形式，成为一道亮丽的风景线而让人过目不忘。

学习目标

☑ 引用 CSS
☑ 设置页面样式
☑ 定义区块与层
☑ 设计网页特效

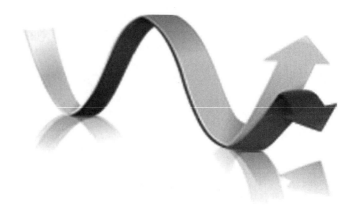

任务一 CSS 引 用

任务描述

美观、大方、有特色的网页能吸引在网络上随意浏览网页的浏览者的目光，并且可以给浏览者留下深刻的印象，这对于网站的宣传和推广有积极的作用，因此如何高效快捷地设计出美观、大方、有特色的网站，是设计者孜孜以求的一个目标。

网页设计人员小张使用 HTML 为公司创建了网页，但是项目经理试用后提出，只使用 HTML 语言创建出来的网页单调，不能有效控制页面布局，而且日后维护不便。为了给网页增色，使网页显示样式控制更加灵活、高效，项目经理让小张在设计过程中使用 CSS 样式表来控制页面样式。本任务将详细描述如何在页面中引用 CSS。

任务分析

要更加精确地控制网页效果，解决方案就是 CSS，又称"层叠样式单"或"级联样式单"，简称"样式单"，也是一种置标语言，由许多规则组成，通过浏览器解释执行，目的是对网页的布局、文字、背景等实现更加精确的控制。CSS 可以使用 HTML 标签或命名的方式定义，除可控制一些传统的文本属性（如字体、字号、颜色等）外，还可以控制一些比较特别的 HTML 属性（如对象位置、图片效果、鼠标指针等）。CSS 可以一次控制多个文件中的文本，并且可随时改动 CSS 的内容，以自动更新文件中文本的样式。

CSS 对于设计者来说是一种简单、灵活、易学的工具，能被大多数浏览器识别并执行。许多网页设计者都喜欢使用 CSS，很多著名网页也都是使用 CSS 来美化页面的。CSS 负责样式的说明，使得网页的设计和美化轻松方便。

方法与步骤

（1）打开记事本程序，在网站文件夹中新建一个文本文件，输入以下代码：

```
<html>
<head>
  <title>This is a CSS sample</title>
  <style type="text/css">
  <!--
    P { color: blue }
  -->
  </style>
</head>
<body>
  <p>一个 CSS 应用页面!</p>
</body>
</html>
```

CSS 初级应用

（2）保存为扩展名为.htm 的文件，然后使用浏览器打开文件，页面中所有 P 元素修饰的字符显示为蓝色，如图 4-1-1 所示。

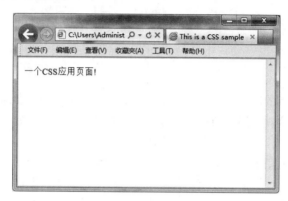

图 4-1-1　CSS 初步应用

> 📖**重点提示**：<style> 标签中包括 TYPE = "text/css"，这是让浏览器知道网页使用 CSS 样式规则。加入 <!-- 和 --> 这一对注释标记是防止有些旧版本的浏览器不识别样式表规则，该段代码可以忽略不计。

相关知识

1. CSS 能完成的工作

（1）弥补 HTML 对网页格式化功能的不足，如段间距、行距；

（2）文字设定；

（3）页面格式的动态更新；

（4）排版定位。

2. CSS 特点

（1）可以将格式与结构分离；

（2）以前所未有的能力控制页面布局；

（3）可以制作体积更小、下载更快的网页；

（4）可以同时更新许多网页；

（5）兼容性好。

3. 样式表结构：由规则组成

样式表规则：

选择符 { 属性 1：属性值 1；属性 2：属性值 2 }

例如：H2 { font-size: 10pt; color: blue }

4. 在网页中加入 CSS 的方法

（1）行内直接引用。

基本语法：

<标签名称　style="样式属性：属性值；样式属性…">

语法解释：

直接在 HTML 代码行中加入样式规则。适用于指定网页内的某一小段文字的显示规则，效果仅可控制该标签。

文件范例：

```
<html>
<body>
  <p style="background:blue;color:white;font-size:50px;font-family:隶书">
网页设计中 CSS 的使用
  </p>
</body>
</html>
```

（2）将样式表嵌入到 HTML 文件的文件头<head>…</head>之间。

基本语法：

```
<html>
<head>
  <style type="text/css">
   <!--
   选择符{样式属性：属性值；…}
   …
   -->
  </style>
</head>
<body>
  …
</body>
</html>
```

语法解释：

① 选择符可为 HTML 标签名称，所有的 HTML 标签均可作为 CSS 选择符。

② 在 HTML 的文件头嵌入样式表规则，浏览器在整个 HTML 网页中都执行该规则，适用于对网页一次加入样式表。

③ 在 HTML 文件中用<style>标签说明所要定义的样式，具体是用<style>标签的 type 属性以 CSS 语法定义。

④ 为了防止不支持 CSS 的浏览器将<style>和</style>之间的 CSS 规则当成普通字符显示在网页上，可用<!--和-->将 CSS 的规则代码括起来。

文件范例：

```
<html>
<head>
  <style  type="text/css">
   <!--
   P{background:blue;color:white;font-size:30px}
   -->
  </style>
</head>
<body>
  <p>样式表</p>
</body>
</html>
```

　　📑**重点提示**：上面两种引用 CSS 样式表的方法都属于引用内部样式表，即样式表规则的有效范围只限于该 HTML 文件，在该文件以外不能使用。

（3）将一个外部样式表链接到 HTML 文件中。

基本语法：

```
<link rel="stylesheet" href="*.css" type="text/css">
```

语法解释：

① 此处是将样式定义在独立的 CSS 文件中，并将该文件链接到要运用该样式的 HTML 文件中。

② href 用于设置链接的 CSS 文件的位置，可以为绝对地址或相对地址。

③ *.CSS 为已编辑好的 CSS 文件，CSS 文件只能由样式表规则或声明组成，并且不使用注释标签。

④ 可以将一个外部样式表链接到多个 HTML 文件中，如果改变样式表文件中的一个设置，所有的网页都会随之改变。

文件范例：

利用文本编辑工具编写 CSS 文件 1.css，存入当前目录 css，文件内容如下：

```
p{background:blue;color=yellow;font-size:30px}
```

在当前目录下编写 HTML 文件，链接 1.css 文件，引用 CSS 规则，代码如下：

```
<html>
<head>
  <link rel="stylesheet" href="1.css" >
</head>
<body>
  <p>hello</p>
  <pre>everyone</pre>
  <b>welcome to our class!</b>
</body>
</html>
```

（4）外部样式表输入到 HTML 文件中。

外部样式表输入形式上有点像外部链接样式表和内部嵌入样式表的结合，它与外部链接样式表的区别是外部样式表输入是在浏览器解释 HTML 代码时，将外部 CSS 文件中的内容全部调入页面中，而外部链接样式表不将外部 CSS 文件中的内容调入页面中，而只在用到该样式时才在外部 CSS 文件中调用该样式的定义。

基本语法：

```
<style type="text/css">
  <!--
  @import  url(外部样式表文件名);
  -- >
</style>
```

语法解释：

① 用 import 语句输入样式表，import 语句后的 ";" 是必需的。

② 外部样式表文件的扩展名为.css。

文件范例：

利用文本编辑工具编写 CSS 文件 2.css，存入当前目录 css，文件内容如下：

```
p{color:green}
```

在当前目录下编写 HTML 文件，输入 2.css 文件，引用 CSS 规则，代码如下：

```
<html>
<head>
```

```
<style type="text/css">
  <!--
  @import url(css/2.css);
  -->
</style>
<body>
  <p>hello</p>
</body>
</html>
```

> **重点提示**：直接在行内引用 CSS 的优先级最高，其他三种按定义先后顺序，后定义的优先级高于先定义的。

5. 标签合并

在使用样式表过程中，经常会有几个标签用到同一个属性，如规定 HTML 页面中凡是粗体字、斜体字显示为红色，按照上面介绍的方法应写为：

```
B { color: red}
I { color: red}
```

显然这样写十分麻烦，引进分组的概念会使其变得简洁明了，可以写成：

```
B,I {color: red}
```

用逗号分隔各个 HTML 标签，把两行代码合并成一行。

此外，同一个 HTML 标签，可以定义多种属性。例如，规定把 H1～H5 各级标题定义为红色黑体字，带下画线，则应写为：

```
H1,H2,H3,H4,H5{
color: red;
text-decoration: underline;
font-family: "黑体"
}
```

注意各个标签属性之间用分号隔开。

文件范例：

```
<html>
<head>
  <title>This is a CSS sample</title>
  <style type="text/css">
    <!--
    B,I{ color: green }
    -->
    H1,H5{
    color: red;
    text-decoration: underline;
    font-family: "黑体"
    }
  </style>
</head>
<body>
    <p align="center"><B>  一个 CSS 应用页面!</b></p>
    <p align="center"><i>一个 CSS 应用页面!</i></p>
    <h1 align="center">  一个 CSS 应用页面!</h1>
```

```
    <h5 align="center">  一个 CSS 应用页面!</h5>
</body>
</html>
```

保存为扩展名为.htm 的文件，然后使用浏览器打开文件，标签合并页面效果如图 4-1-2
所示。

图 4-1-2　标签合并

本操作也是内部引用，但是将 B、I 元素的相同属性写在一起，避免了代码的重复，同样 1
号字和 5 号字的相同属性写在一起，简化了书写，提高了效率。

> 📖**重点提示**：很多人喜欢在<body>标签中添加样式来控制全局字体的样式，如字体、
> 大小、颜色等，以为这样写可以简化代码，其实不然，因为有些元素无法继承<body>中设
> 置的属性，如表单元素就无法继承 body 的字体属性。

🎯拓展与提高

上面设定的样式只能用于指定的标签，这样需要重复定义规则，非常麻烦，使用"class"
和"id"指定的样式可用于任何标签或指定标签。

基本语法：

```
<style  type="text/css">
  <!--
  标签 1.a1{样式属性: 属性值;样式属性: 属性值...}
  标签 2.a2{样式属性: 属性值;样式属性: 属性值...}
  ...
  标签 n.an{样式属性: 属性值;样式属性: 属性值...}
  -->
</style>
```
或
```
<style  type="text/css">
  <!--
  *.a1{样式属性: 属性值;样式属性: 属性值...}
  *.a2{样式属性: 属性值;样式属性: 属性值...}
  ...
  *.an{样式属性: 属性值;样式属性: 属性值...}
  -->
</style>
```

语法解释：

① *.a1～*.an 用于定义类名称，*可以是 HTML 标记，也可以省略。

② 如果将*替换为标签，则该 class 类只适用于该标签包含的内容。

③ 引用定义的类时，使用"class=类名称"。

④ id 与 class 最大的区别就在于定义样式名称前的符号。用 class 定义样式时用"*.样式名称"，用 id 定义时用"标签名#样式名称"，引用时用"id=样式名称"。

文件范例：

```
<html>
<head>
  <style type="text/css">
    <!--
    .m1{font-size:14px;color=#EC555A}
    #m2{font-size:20px;color=#ff00ff}
    -->
  </style>
</head>
<body>
  <p class=m1>Class 样式</p>
  <p id=m2>Id 样式</p>
</body>
</html>
```

规则定义如下所示：

```
#to {
  background-color: #ccffaa;
  padding: 4px
}

.int {
  color: red;
  font-weight: bold;
}
```

调用 CSS，如下所示：

```
<div id="to">
  <h1>Chocolate curry</h1>
  <p class="int">This is a sample!</p>
  <p class="int">class 属性调用 CSS</p>
</div>
```

id 和 class 的不同之处在于，一个页面同一个 id 只能使用一次，而 class 没有使用次数限制。id 是一个标签，用于区分不同的结构和内容，就像名字，如果一个班级有两个人同名，就会混淆；class 是一个样式，可以套在任何结构和内容上，就像一件衣服。

从概念上说就是不一样的：id 是先找到结构或内容，再给它定义样式；class 是先定义好一种样式，再套给多个结构或内容。

目前的浏览器大多允许用多个相同 id，一般情况下也能正常显示，不过当需要用 JavaScript 通过 id 来控制 div 时就会出现错误。

技能训练

熟练掌握 CSS 规则在 HTML 页面中的引用方法。

任务完成

（1）对网页中的文字应用行内直接引用样式的方法。

（2）建立 CSS 文件，采用头部链接的方法引用。

（3）在浏览器端访问测试。

评 价

任务完成评价表					
职业能力	内　　容		评　　价		
	能力目标	评价项目	3	2	1
	站点发布	能熟练使用各种 CSS 引用			
		能正确编辑 CSS 规则文件			
通用能力	欣赏能力				
	独立构思能力				
	解决问题的能力				
	自我提高的能力				
	组织能力				
综合评价					

思考与练习

1．思考内部引用和外部引用的区别。

2．练习内部样式表和外部样式表的应用。

任务二　页　面　样　式

任务描述

在掌握了 CSS 样式的初步引用以后，下面来学习页面样式的设计。对于页面中的字体、大小、样式、行高、粗细、修饰和页面的背景颜色、背景图片等内容的规划是首先需要掌握的，通过使用 CSS，这些操作和设计会变得很容易。

小张在网站设计的过程中，加入了 CSS 样式，发现对于页面整体风格和个别对象的风格控制确实方便了很多，而且 CSS 功能相当强大，通过 CSS 可以设计出精美绝伦的网页。但是目前页面还是很简单，没有什么活力，在浏览了一些知名网站和查阅了资料后，小张认为在页面的样式上还需要下功夫，准备在页面中添加网页背景图片、背景颜色、边框样式属性、鼠标样式属性、列表属性等内容，让页面真正活起来。

任务分析

　　页面的设计离不开字体的设置，文本的大小、粗细等的设计对于一个网站来说必不可少，作用也不可忽视。页面的背景图片、背景颜色、边框样式属性、鼠标样式属性、列表属性等同样也是人们在设计网页的过程中需要注意的方面。本任务就是通过边框、鼠标的操作来对网页整体样式进行设计与制作。

方法与步骤

页面样式设计

（1）打开记事本程序，在网站文件夹中新建一个文本文件，输入以下代码：

```
<html>
<head><title>页面样式</title>
  <style type=text/css>
   <!--
   .a2{font-family:宋体;font-size:15px;color:olive;margin-left:15px}
   .a3{width:4cm;height:3cm;border-style:groove;border-width:thick;
border-color:red}
   .a7{border-style:groove;width:2cm}
   -->
  </style></head>
<body>
  <fieldset class=a3><legend>登录</legend>
   <form class=a2>姓名:<input class=a7 type="text" name="xm"><br>
   密码:<input class=a7 type="password" name="pass"><br>
   <input type="submit" value="登录" class=a2>
   </form>
  </fieldset>
</body>
</html>
```

（2）保存为扩展名为.htm 的文件，然后使用浏览器打开文件，如图 4-2-1 所示。

图 4-2-1　页面样式

相关知识

CSS 的颜色属性允许网页制作者指定一个元素的颜色或背景。颜色和背景的属性如表 4-2-1 所示。

表 4-2-1　颜色和背景属性

颜色和背景属性	描　　　　述
color	定义颜色
background-color	定义一个元素的背景色
background-image	定义一个元素的背景图片
background-repeat	定义一个指定背景图片如何被重复
background-position	定义水平和垂直方向的位置
background-attachment	背景图像是否固定或者随着页面的其余部分滚动

1. CSS 背景操作

CSS 允许应用纯色作为背景，也允许使用背景图片制作相当复杂的效果。CSS 在这方面的能力远远在 HTML 之上。

（1）背景颜色。

可以使用 background-color 属性为元素设置背景颜色。这个属性接受任何合法的颜色值。

基本语法：

```
background-color:color_value
```

文件范例： 页面效果如图 4-2-2 所示。

```
<html>
<head>
  <style type="text/css">
    p {background-color: orange;}
  </style>
</head>
<body>
  <p>
  CSS 背景应用！
  设置背景颜色！
  设置背景颜色！
  设置背景颜色！
  设置背景颜色！
  设置背景颜色！
  </p>
</body>
</html>
```

说明：此处指定段落的背景颜色为橙色，设置 p 的 background-color 属性值为 orange，就是设置了 p 元素所修饰的对象背景为橙色，颜色的属性值也可以是十六进制，如#ff7788。

图 4-2-2　设置背景颜色

> **重点提示**：background-color 不能继承，其默认值是 transparent。transparent 有"透明"之意，也就是说，如果一个元素没有指定背景颜色，那么背景就是透明的，这样其祖先元素的背景才能可见。

（2）背景图片。

要把图片放入背景，需要使用 background-image 属性。

基本语法：

```
background-image:<IMG_FILE_URL>
```

语法解释：

页面中可以使用 JPG 或 GIF 图片作为背景图片，这与向网页中插入图片不同，背景图片放在网页的最底层，文字和图片等都位于其上。IMG_FILE_URL 用以指定图片文件所在的路径，即指向图片文件所在的位置。这里不仅可以输入本地图片文件的路径和文件名，也可以使用 URL 形式输入其他位置的图片名称，如 http://www.happy.com/img/1.gif。background-image 属性的默认值是 none，表示背景没有设置任何图片。

文件范例：页面效果如图 4-2-3 所示。

```
<html>
<head>
  <title>背景图片</title>
  <style type="text/css">
    body {background-image: url(bg.jpg);}
  </style>
</head>
<body>
  CSS 背景应用!
  设置背景图片!
  设置背景图片!
  设置背景图片!
  设置背景图片!
  设置背景图片!
</body>
</html>
```

图 4-2-3　设置背景图片

设置标签<body>属性 background-image 的值，就可以设置网页的背景，其中 url 后面的值为图片的相对位置或者绝对位置，大多数背景都应用到 body 元素区域中，不过并不仅限于此。可以为绝大多数区域设置背景图片，如果想对一个段落应用背景，可以设置 p {background-image: url(003.jpg);}，这样背景图片就可以应用在一个段落上，而不是整个页面。

> 📑 **重点提示**：background-image 不能继承。事实上，所有背景属性都不能继承。

（3）设置背景图片平铺。

基本语法：

`background-repeat:repeat|repeat-x|repeat-y|no-repeat`

语法解释：

背景图片平铺属性如表 4-2-2 所示。

表 4-2-2　背景图片平铺属性

背景图片平铺属性	描　　述	背景图片平铺属性	描　　述
Repeat	背景图像平铺	repeat-y	背景图片以 Y 轴方向平铺
Repeat-x	背景图像以 X 轴方向平铺	no-repeat	背景图片不平铺

文件范例：页面效果如图 4-2-4 所示。

```html
<html>
<head>
  <title>背景平铺属性设置</title>
  <style type="text/css">
    body
      {
      background-image: url(bg.jpg);
      }
  </style>
</head>
<body>
  CSS 背景应用！ <br>
  背景重复！ <br>
  背景重复！ <br>
  背景重复！ <br>
  背景重复！ <br>
  背景重复！ <br>
</body>
</html>
```

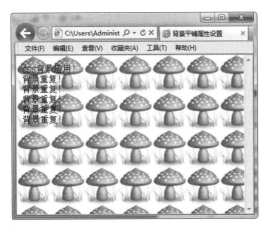

图 4-2-4　背景图片的重复

> **重点提示：**背景图片如果比较小的话，默认情况下图片会自动平铺于整个页面，想要对其进行控制的话，就需要使用 background-repeat 属性，属性值 repeat 使图片在水平垂直方向上都平铺，就像以往背景图片的通常做法一样。repeat-x 和 repeat-y 分别使图片只在水平或垂直方向上平铺，no-repeat 则不允许图片在任何方向上平铺。默认地，背景图片将从一个元素的左上角开始。如果控制其在垂直方向上平铺，可设置 background-repeat:属性值为 repeat-y。

（4）设置背景图片位置。

基本语法：

```
background-position:[value]||[top|center|bottom]||[left|center|right]
```

语法解释：

背景图片位置属性如表 4-2-3 所示。

表 4-2-3　背景图片位置属性

背景图片位置属性值	描　　述
Value	以百分比的形式（X%Y%）或绝对单位（XY）设定背景图片的位置
top	背景图片垂直居上
center	背景图片垂直居中
bottom	背景图片垂直居下
left	背景图片水平居左
center	背景图片水平居中
right	背景图片水平居右
X%和 Y%	第一个值是水平位置，第二个值是垂直位置。左上角是 0%和 0%。右下角是 100%和 100%。如果仅规定了一个值，另一个值将是 50%
Xpx 和 Ypx	第一个值是水平位置，第二个值是垂直位置。左上角是 0 和 0，单位是像素（0px 和 0px）或任何其他的 CSS 单位，如果仅规定了一个值，另一个值将是 50%

文件范例：页面效果如图 4-2-5 所示。

```
<html>
<head>
```

```
<title>背景定位设置</title>
<style type="text/css">
  body
    {
      background-image:url('bg.jpg');
      background-repeat:no-repeat;
      background-position:center;
    }
</style>
</head>
<body>
  CSS背景应用！<br>
  设置背景图片！<br>
  设置背景图片！<br>
  设置背景图片！<br>
  设置背景图片！<br>
  设置背景图片！<br>
</body>
</html>
```

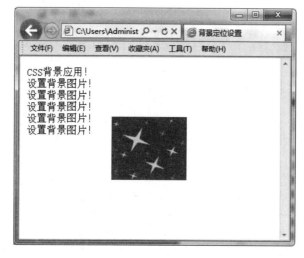

图 4-2-5　背景图片定位

> **重点提示：** 要改变背景图片在页面中的位置，可以使用一些关键字，还可以使用长度值，如 100px 或 5cm，也可以使用百分比。不同类型的值对于背景图片的放置稍有差异。

（5）固定背景图片属性。

基本语法：

```
background-attachment:scroll|fixed
```

语法解释：

固定背景图片属性决定指定的背景图片是随着内容滚动还是保持固定。其中，scroll 表示图片随内容滚动，fixed 表示图片固定不动。

文件范例： 页面效果如图 4-2-6 所示。

```
<html>
<head>
  <title>background-attachment 属性</title>
  <style type="TEXT/CSS">
    <!--
      #bi {background-image:url(river.jpg);
           background-repeat:no-repeat;
           background-attachment:fixed;
           font-size:14pt; color:white}
    -->
  </style>
</head>
<body id=bi>
  <center>
    <font size=3 color=yellow>
      background-attachment 固定背景图片属性的应用
    </font>
  </center>
  <pre>
     虞美人
     春花秋月何时了
     往事知多少
     小楼昨夜又东风
     故国不堪回首月明中
     雕栏玉砌应犹在
     只是朱颜改
     问君能有几多愁
     恰似一江春水向东流
  </pre>
</body>
</html>
```

图 4-2-6 背景图片固定

　　📠 **重点提示**：如果文档比较长，当文档向下滚动时，背景图片也会随之滚动。当文档滚动到超过图片的位置时，图片就会消失，出现空白。为避免出现这种情况，可以通过 background-attachment 属性防止图片滚动。通过这个属性，可以声明图片相对于可视区是固

定的（fixed），因此不会受到滚动的影响。background-attachment 属性的默认值是 scroll，也就是说，在默认情况下，背景图片会随文档滚动。

将上述样式修改如下：

```
…
<style type="TEXT/CSS">
  <!--
    #bi {background-image:url(river.jpg);
         background-repeat:no-repeat;
         background-attachment:scroll;
         font-size:14pt; color:white}
  -->
</style>
…
```

这时，浏览长文档页面时，图片就像融合在页面上一样，不会随着滚动条移动，也就是常说的水印效果。

2. 文本样式

在编辑网页的过程中，若没有对字体进行任何设置，浏览器将以默认的方式显示。除了可以利用 HTML 标签设置文本样式外，还可以利用 CSS 设置文本样式。CSS 文本属性可定义文本的外观。通过文本属性，可以改变文本的颜色、字符间距，对齐文本，装饰文本，对文本进行缩进等。

（1）文本颜色。

可以使用 color 属性为文本设置颜色。这个属性接受任何合法的颜色值。

基本语法：

color:color_value

语法解释：

color_value 为文本颜色值。

文件范例：页面效果如图 4-2-7 所示。

```
<html>
<head>
  <title>文字颜色</title>
  <style type="text/css">
    h1 {color: #00ffee}
    h2 {color: #dda033}
    p {color: rgb(0,212,125)}
  </style>
</head>
<body>
  <h1>这是 文本 1</h1>
  <h2>这是 文本 2</h2>
  <p>这是一个段落颜色设置。</p>
</body>
</html>
```

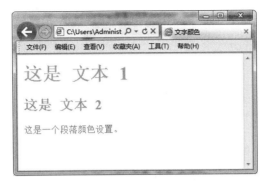

图 4-2-7　设置文本的颜色

通过设置 HTML 标签的 color 属性控制文本的颜色，颜色的表示可以是任意合法的颜色表示。

（2）文本的背景颜色。

基本语法：

background-color:color_value

语法解释：

color_value 为文本背景颜色值。

文件范例：页面效果如图 4-2-8 所示。

```
<html>
<head>
  <title>文本的背景</title>
  <style type="text/css">
    .ch
    {
    background-color:red;
    }
  </style>
</head>
<body>
  <p>
    <span class="ch">文本的背景颜色。
    </span>
    文本的背景颜色。文本的背景颜色。文本的背景颜色。文本的背景颜色。文本的背景颜色。文本
  的背景颜色。
  </p>
</body>
</html>
```

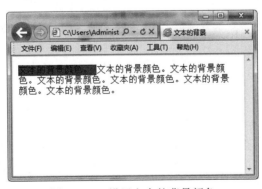

图 4-2-8　设置文本的背景颜色

> **说明：**通过设置类选择器，使用<span>标签即可对单独的文本设置背景颜色。

（3）文本的字符间距。

基本语法：

```
word-spacing: normal|长度单位
letter-spacing: normal|长度单位
```

语法解释：

word-spacing用于设置英文单词之间的距离，letter-spacing用于设置英文字母之间的距离，单位可以使用前面介绍的任意一种长度单位。

文件范例：页面效果如图4-2-9所示。

```
<html>
<head>
  <title>字符间距</title>
  <style type="text/css">
    h2 {letter-spacing: -3px}
    h6 {letter-spacing: 0.5cm}
  </style>
</head>
<body>
  <h2>This is line </h2>
  <h6>This is line </h6>
</body>
</html>
```

图 4-2-9　设置文本的字符间距

> **说明：**通过设置 letter-spacing 属性，可以控制文本的字符间距，属性的值为合法的距离数值。

3. 文本的其他属性

（1）字体属性。

基本语法：

```
font-family:<字体1>,<字体2>,…<字体n>
```

语法解释：

浏览器将在字体列表中寻找字体。如果浏览器端的计算机中安装了字体1，就使用它显示；如果没有安装，则移向字体2，依此类推。若浏览器端找不到所有指定的字体，则使用默认的字体。因此，应当将一种常见的字体列在字体列表的最后。

文件范例：页面效果如图 4-2-10 所示。

```
<html>
<head>
  <title>font-family 属性</title>
  <style type="text/css">
    <!--
      p{font-family:幼圆,隶书,宋体}
    -->
  </style>
</head>
<body bgcolor=lightyellow>
  <center>
    <font size=5 color=red>font-family 属性的应用效果</font>
  </center>
  <p>
    将按照幼圆、隶书、宋体的顺序对字体进行设置
  </p>
</body>
</html>
```

图 4-2-10　设置文本字体

（2）字体风格。

基本语法：

font-style:normal|italic|oblique

语法解释：

设置字体正常、斜体或倾斜显示。font-style 参数说明如表 4-2-4 所示。

表 4-2-4　font-style 参数说明

参　　数　　值	说　　　　明
normal	正常显示，初始值为 normal
italic	斜体显示
oblique	倾斜显示

文件范例：页面效果如图 4-2-11 所示。

```
<html>
<style type="text/css">
```

```
<!--
.p1{font-style:normal}
.p2{font-style:italic}
.p3{font-style:oblique}
-->
</style>
<head>
  <title>font-style 属性</title>
</head>
<body bgcolor=lightyellow>
  <center>
    <font size=5 color=red>font-style 属性的应用效果</font>
    <font size=5>
    <p class=p1> 这是 normal 风格</p>
    <p class=p2> 这是 italic 风格</p>
    <p class=p3> 这是 oblique 风格</p></font>
  </center>
</body>
</html>
```

图 4-2-11　设置字体风格

（3）字体变形。

基本语法：

font-variant:normal|small-caps(相当于 size=2)

语法解释：

设置正常或以小型的大写字母显示。

文件范例：页面效果如图 4-2-12 所示。

```
<html>
<style type="text/css">
  <!--
  .p1{font-variant:normal}
  .p2{font-variant:small-caps}
  -->
</style>
<head>
  <title>font-variant 属性</title>
```

```
</head>
<body bgcolor=lightyellow>
  <center>
    <font size=5 color=red>font-variant 属性的应用效果</font>
    <font size=5>
    <p class=p1>这是 normal 风格</p>
    <p class=p2>这是 small-caps 风格</p>
    </font>
  </center>
</body>
</html>
```

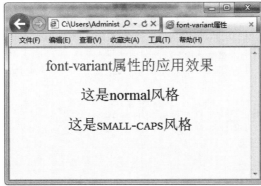

图 4-2-12　设置字体变形

（4）字体加粗。

基本语法：

font-weight:normal(400 或 7)|bold(700)|bolder(900)|lighter/100~900

语法解释：

设置字体粗细，数字越小字体越细，数字越大越粗。

文件范例： 页面效果如图 4-2-13 所示。

```
<html>
<style type="text/css">
  <!--
    #w-normal  {font-weight:normal}
    #w-bold    {font-weight:bold}
    #w-bolder  {font-weight:bolder}
    #w-lighter {font-weight:lighter}
    #w-1       {font-weight:100}
    #w-2       {font-weight:200}
    #w-3       {font-weight:300}
    #w-4       {font-weight:400}
    #w-5       {font-weight:500}
    #w-6       {font-weight:600}
    #w-7       {font-weight:700}
    #w-8       {font-weight:800}
    #w-9       {font-weight:900}
  -->
</style>
<head>
  <title>font- weight 属性</title>
```

```
  </head>
  <body bgcolor=lightyellow>
    <center>
      <font size=5 color=red>font-weight 属性的应用效果</font>
      <table border=2 >
        <tr align=center>
          <td id=w-lighter>lighter</td>
          <td id=w-normal>normal</td>
          <td id=w-bold>bold</td>
          <td id=w-bolder>bolder</td>
        </tr>
        <tr>
          <td id=w-1>字体粗细为 100</td> <td id=w-4>字体粗细为 400</td>
          <td id=w-5>字体粗细为 500</td> <td id=w-8>字体粗细为 800</td>
        </tr>
        <tr>
          <td id=w-2>字体粗细为 200</td> <td>  </td>
          <td id=w-6>字体粗细为 600</td> <td id=w-9>字体粗细为 900</td>
        </tr>
        <tr>
          <td id=w-3>字体粗细为 300</td> <td>  </td>
          <td id=w-7>字体粗细为 700</td> <td>  </td>
        </tr>
      </table>
    </center>
  </body>
</html>
```

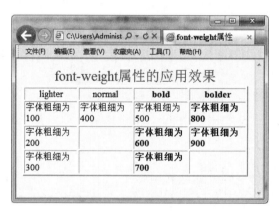

图 4-2-13 设置字体粗细

（5）字号的控制。

基本语法：

font-size: <绝对尺寸> | <关键字> | <相对尺寸> | <比例尺寸>

语法解释：

① 绝对尺寸可以使用 ex、in、cm、mm、pt、px 为单位。

文件范例： 页面效果如图 4-2-14 所示。

```
<html>
<head>
  <title>使用绝对尺寸控制字号的大小</title>
```

```
</head>
<body bgcolor=lightyellow>
  <font style="font-size:5ex">　字号为5ex　　　</font><br>
  <font style="font-size:0.5in">字号为0.5in　</font><br>
  <font style="font-size:1cm">　字号为1cm　　</font><br>
  <font style="font-size:10mm">字号为10mm　　</font><br>
  <font style="font-size:25pt">字号为25pt　　</font><br>
  <font style="font-size:25px">字号为25px　　</font><br>
</body>
</html>
```

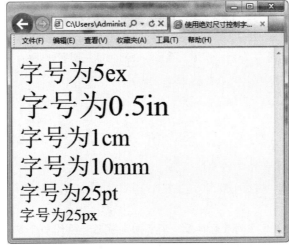

图 4-2-14　使用绝对尺寸控制字号的大小

② 关键字：可以使用关键字设置字体大小。

`xx-small | x-small | small | medium | large | x-large | xx-large`

③ 相对尺寸：在当前关键字规格的基础上放大或缩小一级，larger（大 50%）和 smaller（小 33%）。

文件范例：页面效果如图 4-2-15 所示。

```
<html>
<head>
  <title>使用关键字和相对尺寸控制字号大小</title>
</head>
<body bgcolor=lightyellow>
  <font style="font-size:xx-small">　关键字为 xx-small </font><br>
  <font style="font-size:x-small">　关键字为 x-small　</font><br>
  <font style="font-size:smaller">　关键字为 smaller　</font><br>
  <font style="font-size:small">　　关键字为 small　　</font><br>
  <font style="font-size:medium">　　关键字为 medium　</font><br>
  这是浏览器默认的字号<br>
  <font style="font-size:large">　　关键字为 large　　</font><br>
  <font style="font-size:larger">　　关键字为 larger　</font><br>
  <font style="font-size:x-large">　关键字为 x-large　</font><br>
  <font style="font-size:xx-large">　关键字为 xx-large </font><br>
</body>
</html>
```

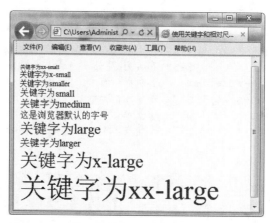

图 4-2-15　使用关键字和相对尺寸控制字号大小

④ 比例尺寸：可以使用比例参数设定文字大小，例如：

```
p{font-size:20pt}
b{font-size:300%}
```

> **重点提示：**
>
> （1）CSS 中设置文字尺寸的单位很多，但有些浏览器对有些尺寸单位不支持。
>
> （2）以 px 为单位，所有的操作平台都支持，但随着浏览器端屏幕分辨率的不同，字体显示可能不同。
>
> （3）pt 是确定文字尺寸的最好单位，所有的浏览器和操作平台都适用。
>
> （4）使用关键字定义尺寸在不同的浏览器中大小有区别。
>
> （5）低版本的浏览器不支持相对尺寸的设置。

（6）文字更改。

基本语法：

```
text-transform:uppercase|lowercase|capitalize|none
```

语法解释：

uppercase：所有字母大写显示；lowercase：所有字母小写显示；capitalize：单词首字母大写；none：字母以正常形式显示。

文件范例： 页面效果如图 4-2-16 所示。

```
<html>
<head>
  <title>文字的更改</title>
</head>
<body bgcolor=lightyellow>
  <font style="text-transform:uppercase">uppercase:使所有字母大写显示</font>
  <br>
  <font style="text-transform:lowercase">LOWERCASE: 使所有字母小写显示</font>
  <br>
  <font style="text-transform:capitalize">capitalize: 单词首字母大写</font><br>
  <font style="text-transform:none">none: 字母以正常形式显示</font><br>
</body>
</html>
```

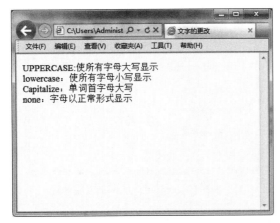

图 4-2-16　文字更改设置

（7）文字修饰。

基本语法：

`text-decoration:underline|overline|line-throungh|blink|none`

语法解释：

① underline：给文字加下画线。

② overline：给文字加顶线。

③ line-through：给文字加删除线。

④ blink：文字闪烁。

⑤ none：使上述效果均不出现。

文件范例：页面效果如图 4-2-17 所示。

```html
<html>
<head>
  <title>text-decoration 属性</title>
</head>
<style type="text/css">
  <!--
  #under{text-decoration:underline}
  #over {text-decoration:overline}
  #through{text-decoration:line-through}
  -->
</style>
<body bgcolor=lightyellow>
  <center>
    <font size=5 color=red>text-decoration 属性的应用效果</font>
  </center>
  <p id=under>此行文字加下画线</p>
  <p id=over>此行文字加顶线</p>
  <p id=through>此行文字加删除线</p>
</body>
</html>
```

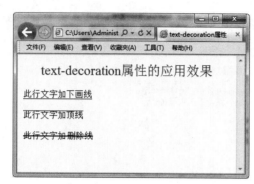

图 4-2-17   text-decoration 属性设置

4. CSS 列表

CSS 列表属性可以设置、改变列表项标签，或者将图片作为列表项标签。一般来说，非描述性的文本都可以作为列表。正是由于列表如此多样，才使得列表相当重要。

可以使用 list-style-type 属性设置列表类型，这是影响列表样式最简单的办法。属性的值是合法的列表项标签。在一个无序列表中，列表项的标签是出现在各列表项旁边的圆点。在有序列表中，标签可能是字母、数字或另外某种计数体系中的符号。

（1）列表类型。

基本语法：

list-style-type:value

语法解释：

对于 type 的属性，可以设定多种符号类型，如表 4-2-5 所示。

表 4-2-5   列表符号类型属性值

列表符号类型属性值	描　　　　述
Disc	在文本前加实心圆
Circle	在文本前加空心圆
square	在文本前加实心方块
decimal	在文本前加普通阿拉伯数字
lower-roman	在文本前加小写罗马数字
Upper-roman	在文本前加大写罗马数字
Lower-alpha	在文本前加小写英文
Upper-alpha	在文本前加大写英文
None	不显示任何项目符号或编号

文件范例 1：无序列表，页面效果如图 4-2-18 所示。

```html
<html>
<head>
  <style type="text/css">
    ul.none {list-style-type: none}
    ul.disc {list-style-type: disc}
    ul.circle {list-style-type: circle}
    ul.square {list-style-type: square}
```

```
    </style>
  </head>
  <body>
    <ul class="none">
      <li>背景</li>
      <li>文本</li>
      <li>列表</li>
    </ul>
    <ul class="disc">
      <li>背景</li>
      <li>文本</li>
      <li>列表</li>
    </ul>
    <ul class="circle">
      <li>背景</li>
      <li>文本</li>
      <li>列表</li>
    </ul>
    <ul class="square">
      <li>背景</li>
      <li>文本</li>
      <li>列表</li>
    </ul>
  </body>
</html>
```

图 4-2-18　无序列表样式

无序列表标签<ul>和<li>结合使用 list-style-type 属性，可以让文本以列表的形式显示，其值主要有：none、disc、circle 和 square，分别是无、实心圆、空心圆和实心方块。

文件范例 2：有序列表，页面效果如图 4-2-19 所示。

```
<html>
<head>
  <style type="text/css">
    ol.decimal {list-style-type: decimal}
    ol.upper-roman {list-style-type: upper-roman}
    ol.lower-roman {list-style-type: lower-roman}
```

```
    ol.upper-alpha {list-style-type: upper-alpha}
    ol.lower-alpha {list-style-type: lower-alpha}
  </style>
</head>
<body>
  <ol class="decimal">
    <li>背景</li>
    <li>文本</li>
    <li>列表</li>
  </ol>
  <ol class="upper-roman">
    <li>背景</li>
    <li>文本</li>
    <li>列表</li>
  </ol>
  <ol class="lower-roman">
    <li>背景</li>
    <li>文本</li>
    <li>列表</li>
  </ol>
  <ol class="upper-alpha">
    <li>背景</li>
    <li>文本</li>
    <li>列表</li>
  </ol>
  <ol class="lower-alpha">
    <li>背景</li>
    <li>文本</li>
    <li>列表</li>
  </ol>
</body>
</html>
```

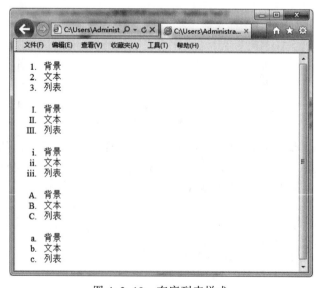

图 4-2-19　有序列表样式

有序列表标签<ol>和<li>结合使用 list-style-type 属性，可以让文本以列表的形式显示，其值主要有：decimal、upper-roman、lower-roman、upper-alpha 和 lower-alpha，分别是数字、大写罗马数字、小写罗马数字、大写字母和小写字母。

（2）列表图像。

有时候，常规的标志不是很形象，可以用图像代替常规标志符号，这可以用 list-style-image 属性做到。

基本语法：

```
ul li {list-style-image : url(xxx.jpg)}
```

语法解释：

只需要简单地使用一个 url()值，就可以使用图像作为标志。

文件范例： 页面效果如图 4-2-20 所示。

```
<html>
<head>
  <style type="text/css">
    ul
    {
    list-style-image : url(009.gif)
    }
  </style>
</head>
<body>
  <ul>
    <li>背景</li>
    <li>文本</li>
    <li>列表</li>
  </ul>
</body>
</html>
```

图 4-2-20　图像列表样式

（3）列表标志位置。

CSS 可以确定标志出现在列表项内容之外还是内容内部。这可使用 list-style-position 属性完成。

（4）简写列表样式。

为简单起见，可以将图像列表和列表标志位置样式属性合并成一个方便的属性 list-style，如 li {list-style : url(example.gif)　inside}。

list-style 的值可以按任何顺序列出，而且这些值都可以省略。只要提供了一个值，其他的就会列出其默认值。

拓展与提高

1. 表格

CSS 表格属性可以设置、改变表格的布局。

（1）单元格内容布局。

基本语法：

```
table-layout: auto|fixed
```

语法解释：

<table>标签的 table-layout 属性可以设置单元格内容布局。其中，auto 是默认值，默认的自动算法。布局将基于各单元格的内容。表格在每一单元格内所有内容读取计算之后才会显示出来，单元格的长度随文本的多少而变化。fixed 是固定布局的算法，在这种算法中，单元格的长度就是所设置的长度，当单元格中的内容较长时，多余的内容会被裁减。

文件范例：页面效果如图 4-2-21 所示。

```html
<html>
<head>
  <style type="text/css">
    table.one
    {
    table-layout: auto
    }
    table.two
    {
    table-layout: fixed
    }
  </style>
</head>
<body>
  <table class="one" border="1" width="100%">
    <tr>
      <td width="20%">1111111111111111111111</td>
      <td width="40%">11111111111</td>
      <td width="40%">1111</td>
    </tr>
  </table>
    <br/>
    <table class="two" border="1" width="100%">
      <tr>
        <td width="20%">1111111111111111111111</td>
        <td width="40%">11111111111</td>
```

```
      <td width="40%">1111</td>
    </tr>
  </table>
</body>
</html>
```

图 4-2-21　表格布局设置

（2）合并表格边框。

基本语法：

```
border-collapse: separate|collapse
```

语法解释：

<table>标签的 border-collapse 属性设置或检索表格的行和单元格的边是合并在一起还是按照标准的 HTML 样式分开。separate 是默认值，表示边框独立（标准 HTML），collapse 是相邻边被合并。

文件范例： 页面效果如图 4-2-22 所示。

```
<html>
<head>
  <style type="text/css">
    table.coll
    {
    border-collapse: collapse
    }
    table.sep
    {
    border-collapse: separate
    }
  </style>
</head>
<body>
  <table class="coll" border="1">
    <tr>
      <td>January </td>
```

```
      <td>May </td>
    </tr>
    <tr>
      <td>September</td>
      <td>June  </td>
    </tr>
  </table>
  <br />
  <table class="sep" border="1">
    <tr>
      <td>January </td>
      <td>May </td>
    </tr>
    <tr>
      <td>September</td>
      <td>June  </td>
    </tr>
  </table>
</body>
</html>
```

图 4-2-22　合并表格边框效果

2. 边框属性

（1）设置对象与四周文字之间的距离。

基本语法：

margin-(top|right|bottom|left)：长度|百分比|auto

属性具体说明如表 4-2-6 所示。

表 4-2-6　margin 属性

margin 属性	描　　述	margin 属性	描　　述
margin-top	顶部空白区域	margin-bottom	底部空白区域
margin-right	右部空白区域	margin-left	左部空白区域

语法解释：

① 长度可以使用任何单位。

② 如果边距为负值，两个对象重叠。

③ 如果设置一个边距值，则四个边距都调用此值。

④ 如果设置两个边距，对应两边调用此值。

⑤ 四个属性可以分别调用一次，顺序是上、右、下、左。

文件范例：页面效果如图 4-2-23 所示。

```html
<html>
  <head>
    <title>CSS 边框设置</title>
    <Style Type="text/css">
    <!--
      P{
        border-top: 2px solid #ff0000;
        border-right: 2px solid #6699FF;
        border-bottom: 2px solid #00FF00;
        border-left: 2px solid #0000FF;
      }
    -->
    </Style>
  </head>
<body>
  <h1>静态网页设计</h1>
  <p>在掌握了 CSS 样式的初步引用以后，下面来学习页面样式的设计。对于页面中的字体、大小、样式、行高、粗细、修饰和页面的背景颜色、背景图片等的规划是首先需要掌握的，通过使用 CSS，这些操作和设计会变得很容易。</p>
</body>
</html>
```

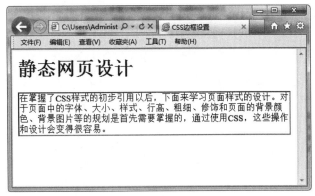

图 4-2-23　边框四周距离设置

（2）边框类别。

边框类别属性如表 4-2-7 所示。

表 4-2-7　边框类别属性

边框类别	描　述	边框类别	描　述
border–top	上边框	border–right	右边框
border–left	左边框	border–bottom	下边框

（3）边框线型。

通过边框线型属性可以设置文本区域边框的粗细和颜色，相应属性如下：

① border-width：取值为 thin、medium、thick 或指定长度。

② border-style：设置用于修饰边框的底纹。可以设置下列样式：none、dotted（小虚点线）、doshed（大虚点线）、solid（实线）、double（双直线）、groove（3D 凹线）、ridge（3D 凸线）、inset（沉入）、outset（隆起）。

③ border-color：设置边框颜色。

文件范例：页面效果如图 4-2-24 所示。

```html
<html>
<head>
  <title>border-style 属性</title>
  <style type="TEXT/CSS">
    <!--
    #bs1 {border-width:0.1cm; border-color:#FF00FF;border-style:dotted}
    #bs2 {border-width:0.1cm; border-color:#32CD32;border-style:dashed}
    #bs3 {border-width:0.1cm; border-color:#FF00FF;border-style:solid}
    #bs4 {border-width:0.1cm; border-color:#32CD32;border-style:double}
    #bs5 {border-width:0.1cm; border-color:#FF00FF;border-style:groove}
    #bs6 {border-width:0.1cm; border-color:#32CD32;border-style:ridge}
    #bs7 {border-width:0.1cm; border-color:#FF00FF;border-style:inset}
    #bs8 {border-width:0.1cm; border-color:#32CD32;border-style:outset}
    -->
  </style>
</head>
<body>
  <center>
    <h4>设置边框线样式属性 border-style</h4>
    <table border=2 >
      <tr><td id=bs1>边框线样式为小点虚线</td></tr>
      <tr><td id=bs2>边框线样式为大点虚线</td></tr>
      <tr><td id=bs3>边框线样式为实线</td></tr>
      <tr><td id=bs4>边框线样式为双直线</td></tr>
      <tr><td id=bs5>边框线样式为 3D 凹线</td></tr>
      <tr><td id=bs6>边框线样式为 3D 凸线</td></tr>
      <tr><td id=bs7>边框线样式为 3D 沉入线</td></tr>
      <tr><td id=bs8>边框线样式为 3D 隆起线</td></tr>
    </table>
  </center>
</body>
</html>
```

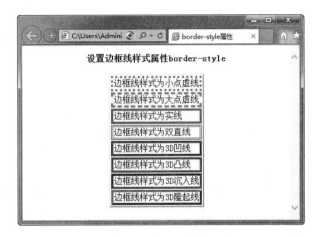

图 4-2-24 边框线型属性

技能训练

熟悉 CSS 文字、边框样式属性的设置。

任务完成

（1）建立网页文件，输入"文字样式"，设置字体为宋体、70pt。

（2）为"文字样式"添加小点虚线框。

（3）在浏览器端访问测试。

评 价

任务完成评价表					
职业能力	内 容		评 价		
	能力目标	评价项目	3	2	1
	站点发布	能根据要求完成文字样式设置			
		能正确使用 CSS 规则添加边框			
通用能力	欣赏能力				
	独立构思能力				
	解决问题的能力				
	自我提高的能力				
	组织能力				
综合评价					

思考与练习

1. 思考前面介绍的 CSS 规则哪些是 HTML 无法做到的。

2. 利用 CSS 对网页版式进行精确设计。

任务三 区块与层

任务描述

CSS 使用得越来越深入，人们对于页面内文字的设计也越来越重视，对于页面中文字或者字母的间距、对齐方式、文本对齐、文字缩进、空格等的设计与排版就成为人们迫切需要掌握的操作，本任务就是通过使用 CSS 中的区块和层来进行页面中对象的整体设计。

小张为网站添加了背景图片，使用了背景音乐，设置了边框等，网页立刻生动鲜活起来，但是页面中段落文字的间距、对齐方式、缩进等不容易设计，还有对象在页面中的位置设计时不能随心所欲，受到严格的控制。经过学习，小张认识到区块和层可以解决这些问题，因此，小张在网站的建设过程中应用了这些技术，相应的难题迎刃而解。

任务分析

页面的美化离不开字符的设计、段落的对齐及文本的缩进，这些都可以通过区块来进行操作。

要实现对文档内容的精确定位，离不开层的操作。层用来定位网页元素在浏览器中的起止位置，特别是用于制作页面中的部分重叠。层就是网页内容的容器，在层中可以放置文本、图像、表单、对象插件，甚至可以放入其他层，所有可以放置于网页中的内容，都可以放置在层中。

方法与步骤

（1）新建一个文本文件，输入以下代码，存储为网页文件，效果如图 4-3-1 所示。

外部样式表应用

```
<html>
<head>
  <title>区块应用</title>
</head>
<body>
  <p>CSS 技术的飞快发展使这些需求成为了现实。因此出现了一个新的 CSS 扩展部分： CSS 滤镜属性（ Filter Properties ）。使用这种技术可以把可视化的滤镜和转换效果添加到一个标准的 HTML 元素上，例如图片、文本容器以及其他一些对象。对于滤镜和渐变效果，前者是基础，因为后者就是滤镜效果的不断变化和演示更替。当滤镜和渐变效果结合到一个基本的 SCRIPT 小程序中后，网页设计者就可以拥有一个建立动态交互文档的强大工具。 CSS 的滤镜属性，可以做出立体文字、动态图像，而这些以前必须通过专门的图像图形处理软件才可以制作。</p>
</body>
</html>
```

（2）建立一个 CSS 文件，命名为 q2.css，输入以下代码：

```
.style1 {
  letter-spacing: 5px;
  text-align: left;
```

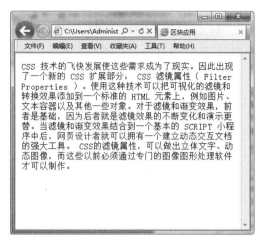

图 4-3-1 区块应用前效果

```
    text-indent: 30px;
    vertical-align: top;
    word-spacing: 2px;
    white-space: pre;
    display: table-row;
}
```

（3）在<head></head>中加入如下代码：

```
<link href="q2.css" rel="stylesheet" type="text/css">
```

在文本前后加入相应标签，如<p class="style1">，其中 style1 是在 CSS 文件中的样式名。

（4）在浏览器中预览，便可以得到如图 4-3-2 所示的效果。

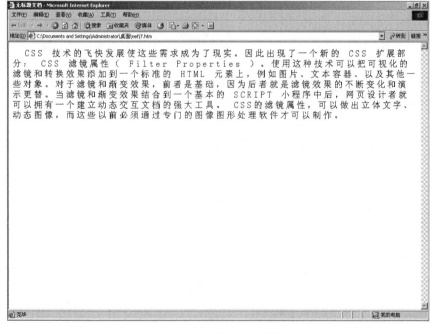

图 4-3-2 区块应用后效果

相关知识

1. 垂直对齐

基本语法：

```
vertical-align: value
```

语法解释：

设置对象的垂直对齐方式，包括 baseline、sub、supper、top、text-top、bottom、text-bottom、middle 以及各种长度值（%、em、ex 等）。

文件范例： 效果如图 4-3-3 所示。

```
<html>
<head>
  <title>测试页面</title>
  <style type="text/css">
    <!--
    .img{vertical-align: top;}
    -->
  </style>
</head>
<body>
  <p> <img class="img" src="008.jpg" width="350" height="374">中国儿童资源网
以 "绿色上网，快乐成长" 为建站理念。为中国儿童提供内容健康、丰富多彩的娱乐学习资源。资源
量达 10 万以上，并提供免费下载服务。开站以来得到了广大家长和孩子的好评。是国内极具影响力
的儿童网站之一。现开设儿童文学、儿童动画片、儿童歌曲、有声故事、小学作文、儿童知识、猜谜
语、少儿百科、育儿大全等儿童栏目。 </p>
</body>
</html>
```

图 4-3-3　垂直对齐

2. 文本对齐

基本语法：

```
text-align: value
```

语法解释：

设置文本的水平对齐方式，包括左对齐（left）、右对齐（right）、居中（center）和两端对齐（justify）。

文件范例： 效果如图 4-3-4 所示。

```html
<html>
<head>
  <title>测试页面</title>
  <style type="text/css">
    <!--
    #d1{text-align: right;
    }
    -->
  </style>
</head>
<body>
  <p id="d1">中国儿童资源网以"绿色上网，快乐成长"为建站理念。为中国儿童提供内容健康、丰富多彩的娱乐学习资源。资源量达 10 万以上，并提供免费下载服务。开站以来得到了广大家长和孩子的好评。是国内极具影响力的儿童网站之一。现开设儿童文学、儿童动画片、儿童歌曲、有声故事、小学作文、儿童知识、猜谜语、少儿百科、育儿大全等儿童栏目。</p>
</body>
</html>
```

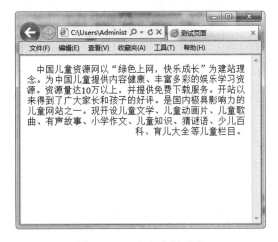

图 4-3-4   文本水平对齐

3. 文本缩进

基本语法：

```
text-indent: value
```

语法解释：

文本的首行缩进就是由它来实现。

文件范例： 页面效果如图 4-3-5 所示。

```html
<html>
```

```
<head>
  <title>测试页面</title>
  <style type="text/css">
    <!--
    #d1{
        text-indent: 40px;
    }
    -->
  </style>
</head>
<body>
  <p id="d1">中国儿童资源网以"绿色上网，快乐成长"为建站理念。为中国儿童提供内容健康、
丰富多彩的娱乐学习资源。资源量达 10 万以上，并提供免费下载服务。开站以来得到了广大家长和
孩子的好评。是国内极具影响力的儿童网站之一。现开设儿童文学、儿童动画片、儿童歌曲、有声故
事、小学作文、儿童知识、猜谜语、少儿百科、育儿大全等儿童栏目。</p>
</body>
</html>
```

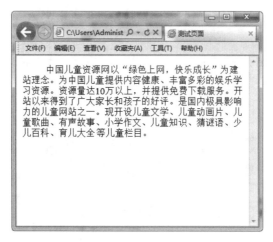

图 4-3-5　文本缩进效果

拓展与提高

1. CSS 定位

在网页上，利用 HTML 基本标签进行文字和图片的定位是一件非常困难的事情，即使使用表格标签，也不能保证定位的准确性。因为浏览器和操作系统平台的不同，会使得结果发生变化。

然而利用 CSS 的 position 属性，可以建立列式布局，将布局的一部分与另一部分重叠，即可以精确地设定对象的位置，还能对各个对象进行叠放处理。

基本语法：

```
position: <absolute|relative>;left: <值>;top: <值>;[width: <值>];[height:
<值>];[visibility:<值>];[z-index: <值>]
```

语法解释：

① position 属性用于对象定位。它的参数值有 absolute 和 relative 两种。

其中，absolute 表示绝对定位。绝对定位能精确设定对象在网页中的独立位置，而不考虑网

页中其他对象的定位设置，绝对定位的对象的位置是相对于浏览器窗口而言的。

而 relative 表示相对定位。它所定位的对象的位置是相对于不使用定位设置时该对象在文档中所分配的位置，即相对定位的关键在于被定位的对象位置是相对于它通常应在的位置而言的。如果停止使用相对定位，则文字的显示位置将恢复正常。

② left 属性用于设定对象与浏览器窗口左边的距离；top 属性用于设定对象与浏览器窗口顶部的距离。

③ width 属性用于设定对象的宽度。因为定位后的对象在网页上显示时仍然会从左到右一直显示，利用宽度属性就可以设定字符向右显示时的限制。宽度属性只在绝对定位时使用。

④ height 属性用于设定对象的高度。高度和宽度的设置类似，只不过是在垂直方向上进行的。

⑤ visibility 属性用于设定对象是否显示。这条属性对于被定位和未被定位的对象都适用。该属性的参数有三种：

● visible：使对象可见；

● hidden：使对象隐藏；

● inherit：对象继承母体对象的可视性设置。

⑥ z-index：用于在网页上重叠文字和图像。当定位多个对象并将其重叠时，可以使用 z-index 来设定哪一个对象应出现在最上面。z-index 参数值使用整数，用于绝对定位或相对定位的对象。

文件范例 1：利用层设计不同效果的文字，页面效果如图 4-3-6 所示。

```
<html>
<head>
  <meta http-equiv="Content-Type" content="text/html; charset=gb2312">
  <title>无标题文档</title>
</head>
<body>
  <div id="Layer1" style="position:absolute; width:294px; height:258px;
z-index:1" class="st">    CSS 技术的飞快发展使这些需求成为了现实。因此出现了一个新
的 CSS 扩展部分： CSS 滤镜属性（ Filter Properties ）。使用这种技术可以把可视化的滤镜和转
换效果添加到一个标准的 HTML 元素上，例如图片、文本容器以及其他一些对象。对于滤镜和渐变效
果，前者是基础，因为后者就是滤镜效果的不断变化和演示更替。当滤镜和渐变效果结合到一个基本
的 SCRIPT 小程序中后，网页设计者就可以拥有一个建立动态交互文档的强大工具。 CSS 的滤镜属
性，可以做出立体文字、动态图像，而这些以前必须通过专门的图像图形处理软件才可以制作。
  </div>
  <div id="Layer2" style="position:absolute; width:319px; height:293px;
z-index:2; left: 571px; top: 272px; overflow: visible;"><span class="s1">
CSS 技术的飞快发展使这些需求成为了现实。因此出现了一个新的 CSS 扩展部分： CSS 滤镜属性
（ Filter Properties ）。使用这种技术可以把可视化的滤镜和转换效果添加到一个标准的 HTML 元
素上，例如图片、文本容器以及其他一些对象。对于滤镜和渐变效果，前者是基础，因为后者就是滤
镜效果的不断变化和演示更替。当滤镜和渐变效果结合到一个基本的 SCRIPT 小程序中后，网页设计
者就可以拥有一个建立动态交互文档的强大工具。 CSS 的滤镜属性，可以做出立体文字、动态图像，
而这些以前必须通过专门的图像图形处理软件才可以制作。
  </span></div>
</body>
</html>
```

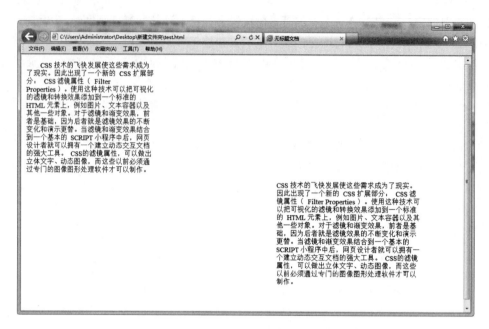

图 4-3-6　层的使用

文件范例 2：利用层设计页面布局，页面效果如图 4-3-7 所示。

```html
<html>
<head>
  <title>CSS 层布局</title>
  <style>
    #left{float:left;}
    #left-1 {
            height: auto;
            width: 278px;
            margin-top: 2px;
            float:left;
            border: 1px solid #00ff00;
    }
    #right-1 {
             height: 300px;
             width: 510px;
             margin-top: 2px;
             float:left;
             margin-left: 8px;
             border: 1px solid #0000ff;
    }
    #left-3 {
            height: 100px;
            width: 278px;
            margin-top: 10px;
            border: 1px solid #ff0033;
            clear: both;
            vertical-align: super;
            top: 10px;
```

```
    }
    #right{float:left;}
</style>
</head>
<body>
  <div id="left">
    <div id="left-1">这里是左边上边的层</div>
    <div id="left-3">这里是左边下边的层</div>
  </div>
  <div id="right">
    <div id="right-1"><p>这里是右边的层</p></div>
  </div>
</body>
</html>
```

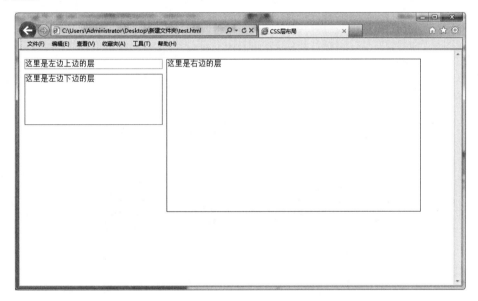

图 4-3-7　CSS 层的布局

> **重点提示：** 使用区块定位可以方便地设计页面中字符的间距，段落的对齐、缩进，页面各个对象的布局等，熟练掌握相关操作，可以使网页活起来，使网页更具有独特效果。

2. CSS 浮动

使用 float 浮动可以做很多其本职工作以外的事情，于是会使设计者混淆，或看不清 float 真正的"面目"。浮动真正的意义在哪里呢？要知道这个问题的答案很简单，假设现在 CSS 中没有浮动（float）属性，那么会变成一个什么样子。目前，流行的采用浮动方法实现的无论是分栏布局，还是列表排列都可以用其他一些 CSS 属性（不考虑 table）代替实现，唯一一个实现不了的就是"文字环绕图片"，难以找到其他方法可以让文字环绕图片显示。这个才是浮动真正的意义所在。

基本语法：

```
float : none | left |right
```

语法解释：

float:none 不使用浮动
float:left 靠左浮动
float:right 靠右浮动

文件范例： 在一个盒子里设置一个靠右、一个靠左浮动的两个盒子，为了直观看到 CSS 浮动布局效果，对两个盒子设置相同的宽度、高度和边框。页面效果如图 4-3-8 所示。

```html
<html>
<head>
  <title>CSS浮动</title>
  <style>
    .divcss5{ width:400px;padding:10px;border:1px solid #F00}
    .divcss5_left{ float:left;width:150px;border:1px solid #00F;height:50px}
    .divcss5_right{float:right;width:150px;border:1pxsolid#00F;height:50px}
    .clear{ clear:both}
  </style>
</head>
<body>
  <div class="divcss5">
    <div class="divcss5_left">布局靠左浮动</div>
    <div class="divcss5_right">布局靠右浮动</div>
    <div class="clear"></div><!-- html注释：清除float产生浮动 -->
  </div>
</body>
</html>
```

图 4-3-8　CSS 浮动效果

技能训练

练习区块与层的使用。

任务完成

（1）在网页距左边界 20px、上边界 50px 处定义宽度为 300px、高度为 200px 的区域，定义 z-index 的值为 2，设置背景颜色为灰色。

（2）在网页距左边界 30px、上边界 60px 处定义宽度为 50px、高度为 80px 的区域，定义 z-index 的值为 3，设置背景颜色为黄色。

（3）在浏览器端访问测试，查看效果。

（4）替换两个区域的 z-index 值，查看效果。

评　价

任务完成评价表					
职业能力	内　　　容		评　　　价		
	能力目标	评价项目	3	2	1
	站点发布	能正确设置区块			
		能熟练使用层达到需要的效果			
通用能力	欣赏能力				
	独立构思能力				
	解决问题的能力				
	自我提高的能力				
	组织能力				
综合评价					

思考与练习

思考利用区块设计页面布局与利用表格进行页面布局的区别。

任务四　特效处理

任务描述

随着网页设计技术的发展，原有的一些 HTML 标记已经不能满足人们的需要，人们希望能够为页面添加一些多媒体元素，如滤镜和渐变的效果。在网页设计制作过程中，添加了特效的网页比没有特效的网页更引人注目，因此，制作网页特效已经成为众多网页设计者更高层次的需求，本任务将讲述怎样对网页进行特效处理。

在完成网页的文字排版和页面的美化后，网页已基本制作好了，但是项目经理看后，觉得图像和文字还可以再美化，让小张使用滤镜对某些对象再处理一下。小张在试过之后，觉得滤镜真是个不错的工具。

任务分析

CSS 技术的飞快发展使这些更高层次的需求成为现实。因此，出现了一个新的 CSS 扩展部分：CSS 滤镜属性（filter properties）。使用这种技术可以把可视化的滤镜和转换效果添加到一个标准的 HTML 元素上，如图片、文本容器以及其他一些对象。对于滤镜和渐变效果，前者是基础，后者就是滤镜效果的不断变化和演示更替。当滤镜和渐变效果结合到一个基本的 Script

小程序中后，网页设计者就可以拥有一个建立动态交互文档的强大工具。CSS 的滤镜属性，可以做出立体文字、动态图像，而这些以前必须通过专门的图形图像处理软件才可以制作。

方法与步骤

1. 制作具有模糊效果的图像

（1）在网页中插入一张图片，页面代码如下：

CSS 滤镜应用

```html
<html>
<head>
  <title>This is a CSS sample</title>
</head>
<body>
  <table border="1" width="100%">
    <tr>
      <td width="50%">
      <img border="0" src="1.jpg" style="filter:blur (strength=50)" width="496"
height="600">
      </td>
      <td width="50%"><img border="0" src="1.jpg" width="496" height="600">
      </td>
    </tr>
    </table>
</body>
</html>
```

（2）用 Internet Explore（以下简称 IE）8.0 以上版本浏览器浏览，效果如图 4-4-1 所示。

图 4-4-1　模糊效果

> 说明：同一张图片，添加了些许代码，就有朦胧模糊的效果，比使用图像处理软件更方便快捷。CSS 中通过滤镜实现图片特殊效果处理，基本语法是 filter:filtername(parameters)，即 filter:滤镜名称（参数），在本例中是使用了 blur 滤镜，blur 滤镜是设置图像或文字的模糊效果。

基本语法：

```
filter:blur(add=add,direction=direction,strength=strength)
```

语法解释：

add 参数是一个布尔判断，其值为 true（默认值）或者 false，它指定图片是否被改变成印象派的模糊效果。模糊效果是按顺时针的方向进行的，direction 参数用来设置模糊的方向。其中 0° 代表垂直向上，每 45° 为一个单位。它的默认值是向左的 270°。strength 值只能使用整数来指定，它代表有多少像素的宽度将受到模糊影响，默认是 5px。对于网页上的字体，当设置其模糊"add=1"时，那么这些字体的效果会非常好。

> 🔖**重点提示：** 只有 IE 浏览器 8.0 以上版本才支持滤镜效果，低版本的浏览器并不支持。

2. 制作透明效果的图像

（1）在网页中插入一张图片，页面代码如下：

```html
<html>
<head>
  <meta http-equiv="Content-Type" content="text/html; charset=gb2312">
  <title>无标题文档</title>
</head>
<body>
  <table width="200" border="1">
    <tr>
      <td><img src="1.jpg" width="496" height="600" style="filter: Alpha
(Opacity=10, FinishOpacity=50, Style=1, StartX=0, StartY=0, FinishX=80,
FinishY=80)"></td>
      <td><img src="1.jpg" width="496" height="600"></td>
    </tr>
  </table>
</body>
</html>
```

（2）用 IE 浏览器 8.0 以上版本浏览，效果如图 4-4-2 所示。

图 4-4-2　透明效果

> **说明**：在本例中使用了 Alpha 滤镜，Alpha 滤镜是设置图像或文字的透明效果。

基本语法：

```
filter:ALPHA(opacity=opacity,finishopacity=finishopacity,style=style,startx=startx,starty=starty,finishx=finishx,finishy=finishy)}
```

语法解释：

Alpha 属性是把一个目标元素与背景混合。设计者可以指定数值来控制混合的程度。这种"与背景混合"通俗地说就是一个元素的透明度。通过指定坐标，可以指定点、线、面的透明度。它们各参数的含义分别如下：

opacity 代表透明标准，默认的范围是 0～100，其实是百分比的形式。也就是说，0 代表完全透明，100 代表完全不透明。finishopacity 是一个可选参数，如果想要设置渐变的透明效果，就可以使用其来指定结束时的透明度，范围也是 0～100。style 参数指定了透明区域的形状特征。其中，0 代表统一形状、1 代表线形、2 代表放射状、3 代表长方形。startx 和 starty 代表渐变透明效果的开始处的 X 和 Y 坐标值。finishx 和 finishy 代表渐变透明效果结束处的 X 和 Y 的坐标值。

3. 制作文字滤镜效果

（1）制作一个页面，内容为文字，设计 CSS 文字滤镜效果，代码如下：

```
<html>
<head>
  <title>This is a CSS sample</title>
</head>
<body>
<table border=1 style="border-style: solid; border-width: 1;font-size=12px" width="520">
  <tr>
    <td width="510">
    <span style="font-size:35pt;display:block;
          text-align:center;color:yellow;
          filter:glow(color=red,strength=10);height:1">CSS 文字滤镜效果</span>
</td>
  </tr>
    <tr>
      <td width="510">
      <span style="font-size:35pt;display:block;
          text-align:center;color:darkblue;
          filter:blur(add=t,direction=135,strength=10);height:1">CSS 文字
滤镜效果</span></td>
  </tr>
    <tr>
      <td width="510">
<div style="color:red;font-size:35pt;height:1;display:block;
filter:progid:DXImageTransform.Microsoft.motionblur(strength=30,add=1,direction=135)">
    <p align="center">CSS 文字滤镜效果</div></td>
  </tr>
    <tr>
      <td width="510">
```

```
<div style="height:1;width:100%;
    font-family:impact;font-size:35pt;color:navy;display:block;
    filter:progid:DXImageTransform.Microsoft.wave(Strength=3)">
        <p align="center">CSS 文字滤镜效果</div></td>
    </tr>
</table>
</body>
</html>
```

（2）用 IE 浏览器 8.0 以上版本浏览，效果如图 4-4-3 所示。

图 4-4-3　文字滤镜效果

> 📝**重点提示：** 这种使用滤镜的方式可以使网页中的图片和文字更具有特殊艺术效果，而且对于网页设计者来说不用花太多的时间去学习图像处理软件来处理图像和文字。

相关知识

1. PS 滤镜

PS 滤镜主要是用来实现图像的各种特殊效果，它在 Photoshop 中具有非常神奇的作用。做网页时，对图像进行特效处理多数都是用 Photoshop 等图形图像处理软件来完成的，其实在 CSS 中自带了许多滤镜，合理应用这些滤镜同样可以做出专业软件所能达到的效果。

2. CSS 滤镜

在网页设计过程中，除了使用基本的 HTML 标签向页面中添加图片和多媒体信息外，还希望能够为页面添加一些多媒体属性，设置图像和文字的效果，让页面更漂亮，CSS 技术的飞快发展使这些需求成为现实。CSS 滤镜属于 CSS 扩展部分，使用这种技术可以把可视化的滤镜和转换效果添加到一个标准的 HTML 元素上，如图片、文本容器以及其他一些对象，取得更好的外观效果。

拓展与提高

1. fliph, flipv 滤镜

基本语法：

`{filter:filph} ,{filter:filpv}`

语法解释：

分别是水平反转和垂直反转。

2. chroma 滤镜

基本语法：

`{filter:chroma(color=color)}`

语法解释：

使用 chroma 属性可以设置一个对象中指定的颜色为透明色，参数 color 即为设置要透明的颜色。

3. dropshadow 滤镜

基本语法：

`{filter:dropshadow(color=color,offx=ofx,offy=offy,positive=positive)}`

语法解释：

dropshadow 顾名思义就是添加对象的阴影效果。其工作原理是建立一个偏移量，添加较深的颜色。color 代表投射阴影的颜色，offx 和 offy 分别是 X 方向和 Y 方向阴影的偏移量。positive 参数是一个布尔值，如果值为 true（非 0），那么就为任何非透明像素创建可见的投影。如果值为 fasle（0），那么就为透明像素的部分创建透明效果。

4. glow 滤镜

基本语法：

`{filter:glow(color=color,strength)}`

语法解释：

当对一个对象使用 glow 属性后，这个对象的边缘就会产生类似发光的效果。color 是指定发光的颜色；strength 则是强度的表现，可以取 1～255 之间的任何整数来指定这个强度。

5. gray, invert, xray 滤镜

基本语法：

`{filter:gray} ,{filter:invert},{filter:xray}`

语法解释：

gray 滤镜是把一张图片变成灰度图；invert 滤镜是把对象的可视化属性全部翻转，包括色彩、饱和度和亮度值；xray 滤镜是让对象反映出它的轮廓并把这些轮廓加亮，效果类似 X 光片。

6. light 滤镜

基本语法：

`filter{light}`

语法解释：

模拟光源的投射效果。一旦为对象定义了 light 滤镜属性，即可调用它的方法（method）来设置或者改变属性。light 可用的方法如表 4-4-1 所示。

表 4-4-1　light 滤镜方法

方　法	描　述	方　法	描　述
addambient	加入包围的光源	changstrength	改变光源的强度
addcone	加入锥形光源	clear	清除所有的光源
addpoint	加入点光源	movelight	移动光源
changcolor	改变光的颜色		

7. mask 滤镜

基本语法：

`{filter:mask(color=color)}`

语法解释：

使用 mask 属性可以为对象建立一个覆盖于表面的膜，其效果就像戴着有色眼镜看事物一样。

8. shadow 滤镜

基本语法：

`{filter:shadow(color=color,direction=direction)}`

语法解释：

利用 shadow 属性可以在指定的方向建立物体的投影，color 是投影色，direction 是设置投影的方向。其中，0° 代表垂直向上，每 45° 为一个单位。它的默认值是向左的 270°。

9. wave 滤镜

基本语法：

`{filter:wave(add=add,freq=freq,lightstrength=strength,phase=phase,strength=strength)}`

语法解释：

wave 属性把对象按垂直的波形样式打乱。默认值是 true（非 0）；add 表示是否要把对象按照波形样式打乱；freq 是波纹的频率，也就是指定在对象上一共需要产生多少个完整的波纹；lightstrength 参数可以让波纹增强光影的效果，范围为 0～100；phase 参数用来设置正弦波的偏移量；strength 代表振幅大小。

技能训练

熟悉 CSS 滤镜的使用。

任务完成

（1）建立 CSS 文件，定义灰度滤镜。

（2）引用刚刚建立的 CSS 文件，将站内所有页面的图片设置为灰度。

（3）在浏览器端访问测试。

 评 价

任务完成评价表					
职业能力	内　　容		评　　价		
	能力目标	评价项目	3	2	1
	站点发布	能恰当设置滤镜参数			
		能正确使用 CSS 滤镜			
通用能力	欣赏能力				
	独立构思能力				
	解决问题的能力				
	自我提高的能力				
	组织能力				
综合评价					

思考与练习

1. 设计有 Mask 滤镜效果的页面。
2. 设计文字滤镜效果。

实训　CSS 高级应用

1. 实训目的

（1）掌握 CSS 样式的分类及应用方式。
（2）掌握 CSS 样式表的使用方法。
（3）掌握链接外部 CSS 文件的方法。

2. 软件环境

Windows XP/7、Dreamweaver CS6。

3. 实训内容

利用本单元所学的 CSS 技术设计网页，要求利用外部样式表控制页面文字、段落、超链接及图片的样式，页面效果如图 4-5-1 所示。

参考代码：新建一个外部 total.css 文件，文件中设置页面中"网站简介"部分的文字样式、图像控制、链接文字样式等。其内容如下：

```
.p1 {
    font-family: Georgia;
    font-size: 14px;
    font-style: normal;
    color: #006633;
    text-indent: 30px;
    vertical-align: top;
}
```

CSS 综合实例设计

图 4-5-1　页面效果

```
.img {
        text-align: left;
}
.img1 {
        height: 112px;
        width: 112px;
}
```

页面代码为：

```
<html>
<head>
  <title>项目实训</title>
  <style type="text/css">
    <!--
    .style1 {
            font-size: 18px;
            color: #0000CC;
    }
    -->
  </style>
  <link href="total.css" rel="stylesheet" type="text/css">
</head>
<body>
  <div>
      <div id="Layer1" style="position:absolute; width:1000px; height:53px;
z-index:1"><img src="0.jpg" width="100%" height="62">
```

```
        <div id="Layer2" style="position:absolute; width:407px; height:26px;
z-index:1; left: 530px; top: 34px;">
            <p class="style1">首页 | 网站简介 | 模块展示 |联系我们</p>
            <p> </p>
        </div>
    </div>
    <p> </p>
    <p> </p>
    <p> </p>
    <p> </p>
    <div id="Layer5" style="position:absolute; width:200px; height:36px;
z-index:3; left:17px; top:86px;"><img src="gsjj.jpg" width="593" height="80">
</div>
    <p> </p>
    <div id="Layer3" style="position:absolute; width:100%; height:150px;
z-index:2; left: 12px; top: 166px;">
    <p class="p1"><img src="009.jpg" width="190" height="131" class="img"
align="left">中国儿童资源网以"绿是为儿童事业的发展做好宣传和传播工作，以儿童成长为中
心，涉及儿童教育、德育、公益活动、赛事、学校信息、生活服务、影视信息等领域，致力于为云南
儿童和学校、政府机构及家庭创建一个全方位信息交流的互动综合服务平台色上网，快乐成长"为建
站理念。为中国儿童提供内容健康、丰富多彩的娱乐学习资源。资源量达 10 万以上，并提供免费下
载服务。开站以来得到了广大家长和孩子的好评。是国内极具影响力的儿童网站之一。现开设儿童文
学、儿童动画片、儿童歌曲、有声故事、小学作文、儿童知识、猜谜语、少儿百科、育儿大全、等儿
童栏目。中国儿童资源网是一个专注于为中国孩子提供健康、丰富多彩的娱乐学习资源的网站。在这
个平台上，资源量达到 10 万以上，并提供免费下载服务，是中国极具影响力的儿童网站</p>
        <div id="Layer4" style="position:absolute; width:1000px; height:302px;
z-index:3; left: 5px; top: 263px;">
            <p> <center><img src="019.jpg" width="150" height="150" class="img1">
<img src="020.jpg" width="150" height="150" class="img1">
<a href="#">more......</a> </center>
<p align="center"> 中华民族儿童网 <br>
Copyright&copy;2015-2016 </p>
        </div>
        <p> </p>
    <p class="p1"> 我们会用我们积累的专业知识为客户考虑得更全面，让您可以把更多的时间
和精力投入到其他的工作之中去。为客户省心、省时、省钱是我们努力达到的最终目标。请相信我们
是您可以依赖的合作伙伴。 </p>
    <p class="p1"> 关爱，就像一盏明灯，照亮我们前进的方向;关爱，就像一个太阳，给予我
们无穷的力量;关爱，让人充满信心 </p>
    </div>
    <p> </p>
    <p> </p>
    <p> </p>
    <p><img src="6.jpg" width="593" height="43"></p>
    </div>
</body>
</html>
```

4．评价

实训评价表					
	内　　　容		评　　　价		
	能力目标	评价项目	3	2	1
职业能力	应用 CSS 样式	能正确引用 CSS 规则			
		能熟练设置 CSS 样式各项属性			
		能应用 CSS 规则添加网页特效			
		能利用区块和层进行页面布局			
	外部样式表	能编辑外部样式表			
		能正确引用外部样式表			
通用能力	欣赏能力				
	独立构思能力				
	解决问题的能力				
	自我提高的能力				
	组织能力				
综合评价					

JavaScript 脚本编程

　　JavaScript 是一种基于对象和事件驱动并具有安全性能的脚本语言，使用它的目的是与 HTML 超文本置标语言一起实现在一个 Web 页面中与 Web 客户进行交互的功能。它是通过嵌入或调入标准的 HTML 中实现的，它的出现弥补了 HTML 的缺陷。JavaScript 是一种比较简单的编程语言，使用方法是向 Web 页面的 HTML 文件增加一个脚本，不需单独编译解释，当一个支持 JavaScript 的浏览器打开这个页面时，它会读出这个脚本并执行其指令。因此，JavaScript 使用比较容易方便，运行快，适于较简单的应用。通过本单元的学习，读者将能够在 HTML 页面中通过 JavaScript 脚本实现简单的交互功能。

学习目标

☑ 学习 JavaScript 基本语法
☑ 编写 JavaScript 脚本

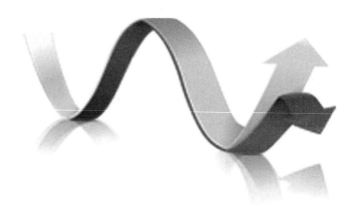

任务一　表　单　验　证

任务描述

项目经理发现，小张设计的客户留言页面没有对用户输入的信息进行验证的功能，这样即使用户输入了无效数据，也要向服务器传递，这是不应该的。他提示小张，使用 JavaScript 来对表单界面中输入的数据进行有效性验证，遇到无效数据提示用户重新输入，不允许提交。本任务将详细描述如何在 HTML 页面中通过 JavaScript 脚本进行表单验证。

任务分析

表单的验证是开发 Web 应用程序中常遇到的问题。不管是动态网站，还是其他 B/S 结构的系统，都离不开表单。表单作为客户端向服务器提交数据的载体承担相当重要的角色。这就引出了一个问题，提交的数据合法吗？摆在设计者面前的问题就是验证这些数据，保证所提交的数据是合法的。

在进行项目开发时，可以编写 JavaScript 或 VBScript 的表单验证函数，在客户端进行验证，要实现以下功能：获取表单元素的属性，取得字符串，构建正则表达式，再验证其值。如果通过验证就提交，如是数据不合法则显示提示信息，并返回到该表单。

方法与步骤

（1）选择"开始"|"程序"|"附件"|"记事本"命令，打开记事本程序。

（2）在记事本中输入如下 HTML 代码：

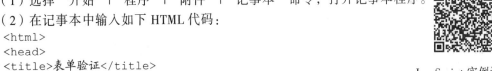

JavaScript 实例设计

```
<html>
<head>
<title>表单验证</title>
<script language="JavaScript">
<!--
function test1()
{
  if (this.form1.text1.value=="")
    {
    alert("您没输入姓名，请输入!");
    this.form1.text1.focus();
    this.form1.text1.select();
    }
}
function test2()
{
  if(this.form1.mail.value==""||form1.mail.value.indexOf('@',1)==-1)
  {
      alert("不是正确的e-mail address! 请再输入一次 !");
      this.form1.mail.focus();
      this.form1.mail.select();
      }
}
function check_3()
```

```
{
    aa=this.zc.zj.value;
    if(bb.length<18)
    { alert("身份证位数有误，请重新输入!");
        this.zc.num.focus();
        this.zc.num.select();
    }
}
-->
</script>
</head>
<body>
<form action="mailto:xdsm@xdsm.com" method="get" name="form1">
<table border=0>
<tr><td>客户姓名:<td colspan=4 valign=middle><input type="text"
    name="text1" value="" size=12 maxlength=18 onBlur="test1()">
<tr><td>性别:<td colspan=4><input type="radio" name="sex" value="1" checked>女
    <input type="radio" name="sex" value="2">男
<tr><td>职业:<td colspan=4><select name="job" size="1">
                <option value="a">公务员</option>
                <option value="b">国企</option>
                <option value="3">私营</option>
                <option value="e">个人</option>
            </select>
<tr><td>电子邮件:<td colspan=4><input type="text" name="mail" value="" size=12
    maxlength=15 onBlur="test2()">
<tr><td>在此留言:<td colspan=4><textarea name="note" rows="8" cols="45">
    </textarea>
<tr><td align=left valign=middle><input type="submit" name="send"
    value="提交">
<input type="reset" name="clear" value='重填'></td></tr></table></form>
</body>
</html>
```

（3）从记事本菜单中选择"文件"|"保存"命令，弹出"另存为"对话框。在对话框中选择保存位置 F:\site\web\page，将文件命名为 lx.html，单击"保存"按钮。

（4）浏览刚刚创建的网页 lx.html，结果如图 5-1-1 所示。

图 5-1-1　页面效果

相关知识

1. DHTML

DHTML（dynamic HTML）称为动态 HTML，是相对传统的静态的 HTML 而言的一种制作网页的概念。动态 HTML 网页的基础是 HTML 语言，利用 CSS 层叠样式表进行布局，并利用 JavaScript 控制网页元素。要引用动态 HTML，必须熟悉三种不同的技术：HTML、CSS 层叠样式表和 JavaScript。动态 HTML 网页实际上就是这三种技术的集成。

2. JavaScript

JavaScript 脚本和 HTML 一起使用，代码由客户端（浏览器）解释执行，无须编译，可以访问控制网页中所有对象，这些对象的属性可以在 JavaScript 运行过程中被修改，还可以捕捉用户对当前页面的动作，如鼠标或键盘操作，并对其做出反应，从而实现交互。

综合来看，JavaScript 是一种基于对象和事件驱动并具有安全性能的脚本语言。使用它的目的是与 HTML 超文本置标语言一起实现在一个 Web 页面中与 Web 客户进行交互。它是通过嵌入或调入标准的 HTML 中实现的，它的出现弥补了 HTML 的缺陷。JavaScript 是一种比较简单的编程语言，使用方法是向 Web 页面的 HTML 文件增加一个脚本，不需单独编译解释，当一个支持 JavaScript 的浏览器打开这个页面时，它会读出这个脚本并执行其指令。因此，JavaScript 使用比较容易方便，运行快，适用于较简单的应用。

3. JavaScript 特点

（1）一种脚本编写语言。

JavaScript 是一种脚本语言，它采用小程序段的方式实现编程。像其他脚本语言一样，JavaScript 同样也是一种解释性语言，它提供了一个简易的开发过程。

它的基本结构形式与 C、C++、Visual Basic、Delphi 等语言十分相似，但它不像这些语言，需要先编译，而是在程序运行过程中被逐行解释。它与 HTML 标记结合在一起，从而方便用户使用操作。

（2）基于对象的语言。

JavaScript 是一种基于对象的语言，同时也可以看作一种面向对象的语言。这意味着它能运用自己已经创建的对象。因此，许多功能可以来自脚本环境中对象的方法且与脚本相互作用。

（3）简单性。

JavaScript 的简单性主要体现在：首先它是一种基于 Java 基本语句和控制流之上的简单而紧凑的设计，从而对于学习 Java 是一种非常好的过渡；其次它的变量类型是采用弱类型，并未使用严格的数据类型。

（4）安全性。

JavaScript 是一种安全性语言，它不允许访问本地硬盘，也不能将数据存入到服务器上，不允许对网络文档进行修改和删除，只能通过浏览器实现信息浏览或动态交互，从而能有效地防止数据的丢失。

（5）动态性。

JavaScript 是动态的，它可以直接对用户或客户输入做出响应，无须经过 Web 服务程序。它对用户的响应，是采用事件驱动的方式进行的。所谓事件就是指在主页（homepage）中执行

了某种操作所产生的动作，如单击、移动窗口、选择菜单等都可以视为事件。当事件发生后，可能会引起相应的事件响应，即事件驱动。

（6）跨平台性。

JavaScript 依赖于浏览器本身，与操作系统环境无关，只要能运行浏览器并且浏览器支持 JavaScript，就可正确执行。

拓展与提高

JavaScript 基本语法

JavaScript 是一种脚本语言，为了运用 JavaScript 控制 HTML 页面上的对象，JavaScript 的代码必须与 HTML 代码结合在一起。将 JavaScript 嵌入 HTML 页面时，必须使用＜script＞标签，该标签使用形式如下：

```
<script language="JavaScript">
  <!--
    //JavaScript 代码
  -->
</script>
```

文件范例：

```
<html>
  <head>
    <script language="JavaScript">
      document.write（"本网站欢迎您的光临!"）;
      var aa=new Date();
      alert("今天是: "+aa);
    </script>
  </head>
<body>
</body>
</html>
```

下面介绍这种语言的基本语法。

（1）常量。

在 JavaScript 中，常量是一个具体的数值或者数学表达式，在编程语言中基于数据的类型，常量有以下六种基本类型：

① 整型常量：JavaScript 的常量通常又称字面常量，它是不能改变的数据。其整型常量可以使用十六进制、八进制和十进制表示其值。

② 实型常量：实型常量是由整数部分加小数部分表示，如 12.32、193.98。可以使用科学或标准方法表示，如 5E7、4e5 等。

③ 布尔值：布尔常量只有两种状态：True 或 False。它主要用来说明或代表一种状态或标志，以说明操作流程。

④ 字符型常量：使用单引号（'）或双引号（"）括起来的一个或几个字符。如"This is a book of JavaScript"、"3245"、"ewrt234234"等。

⑤ 空值：JavaScript 中有一个空值 Null，表示什么也没有。如试图引用没有定义的变量，

则返回一个 Null 值。

⑥ 特殊字符：JavaScript 中有以反斜杠（\）开头的不可显示的特殊字符。通常称为控制字符。

（2）变量。

变量是存取数据、提供存放信息的容器。对于变量，必须明确变量的命名、变量的类型、变量的声明及变量的作用域。

① 变量的命名。JavaScript 中的变量命名同其他编程语言非常相似，但是要注意以下几点：

- 必须是一个有效的变量，即变量以字母开头，中间可以出现数字，如 test1、test2 等。除下画线作为连字符外，变量名称不能有空格、+、–或其他符号。
- 不能使用 JavaScript 中的关键字作为变量。在 JavaScript 中定义了 40 多个关键字，这些关键字是 JavaScript 内部使用的，不能作为变量的名称。如 var、int、double、true 等。
- 对变量命名时，最好把变量的意义与其代表的意思对应起来，以免出现错误。

② 变量的类型。变量有四种类型，分别为：整数变量、字符串变量、布尔型变量、实型变量。依次举例如下：

```
x=100
y="125"
xy=True
cost=19.5
```

其中，x 为整数，y 为字符串，xy 为布尔型，cost 为实型。

③ 变量的声明。JavaScript 变量可以在使用前先作声明，并可赋值。通过使用 var 关键字对变量作声明。对变量作声明的最大好处就是能及时发现代码中的错误。因为 JavaScript 是采用动态编译的，而动态编译不易发现代码中的错误，特别是变量命名方面的错误。

在 JavaScript 中，变量可以用 var 作声明，如：

```
var MYTEST;
```

上式定义了一个变量 MYTEST，但没有赋予其值。

```
var MYTEST="THIS IS A BOOK"
```

上式定义了一个 MYTEST 变量，同时赋予了一个值。

在 JavaScript 中，变量可以不作声明，而使用时再根据数据的类型来确定变量类型。

④ 变量的作用域。在 JavaScript 中有全局变量和局部变量。全局变量是定义在所有函数体之外，其作用范围是整个函数；而局部变量是定义在函数体之内，只对该函数是可见的，对其他函数则是不可见的。

文件范例：在脚本中使用变量。

```
<html>
<body>
  <script language="JavaScript">
    var a,A,b,c=20.7;
    a="hello";
    A="tom";
    b=5;
    document.write(a,A,b,c);
  </script>
</body>
</html>
```

文件说明：

声明了四个变量，使用 document.write 语句将四个变量显示在页面中。

显示结果：

图 5-1-2 所示为使用变量后页面的显示结果。

图 5-1-2　使用变量后页面显示的结果

（3）表达式和运算符。

在定义完变量后，就可以对其进行赋值、计算等一系列操作，这一过程通常通过表达式来完成，而表达式中的一大部分是在做运算符处理。

① 算术运算符：算术运算符可以进行加、减、乘、除和其他数学运算，如表 5-1-1 所示。

表 5-1-1　算术运算符

算术运算符	描　述	算术运算符	描　述
+	加	%	取模
−	减	++	递加 1
*	乘	--	递减 1
/	除		

文件范例：

```
<html>
<head>
  <title>使用算术运算符</title>
</head>
<body>
  <script language="javascript">
  <!--
    document.write(3+3);
    document.write("<br>");
    document.write(3*3);
    document.write("<br>");
    document.write(3/3);
    document.write("<br>");
    document.write(3-3);
  //-->
  </script>
</body>
</html>
```

文件说明：

<script>表示脚本的开始，使用 language 属性定义脚本语言为 JavaScript，在标签<script language="javascript">…</script>之间可加入 JavaScript 脚本。

显示结果：

图 5-1-3 所示为算术运算的运行结果。

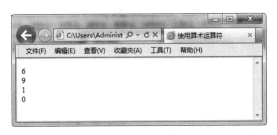

图 5-1-3　算术运算的运行结果

② 逻辑运算符：逻辑运算符比较两个值，然后返回一个布尔值（真或假），如表 5-1-2 所示。

表 5-1-2　逻辑运算符

逻辑运算符	描　　　　　述
&&	逻辑与，在形式 A&&B 中，只有当两个条件 A 和 B 都成立时，整个表达式值才为真值 True
‖	逻辑或，在形式 A‖B 中，只要两个条件 A 和 B 中有一个成立，整个表达式值就为 True
！	逻辑非，在!A 中，当 A 成立时，表达式的值为 False；当 A 不成立时，表达式的值为 True

文件范例： 使用逻辑运算符。

```
<html>
<head>
  <title>使用逻辑运算符</title>
</head>
<body>
  <script language="javascript">
    <!--
    document.write(true&&false);
    document.write("<br>");
    document.write(false&&false);
    document.write("<br>");
    document.write(true||false);
    document.write("<br>");
    document.write(!false);
    //-->
  </script>
</body>
</html>
```

文件说明：

<script>表示脚本的开始，使用 language 属性定义脚本语言为 JavaScript，在标签<script language="javascript">…</script>之间可加入 JavaScript 脚本。
标签的作用是以换行的形式

显示使用逻辑运算符表达式的结果。

显示结果：

图 5-1-4 所示为逻辑运算的运行结果。

图 5-1-4　逻辑运算的运行结果

③ 比较运算符：比较运算符可以比较表达式的值，并返回一个布尔值，如表 5-1-3 所示。

表 5-1-3　比较运算符

比较运算符	描　述	比较运算符	描　述
<	小于	>=	大于等于
>	大于	==	等于
<=	小于等于	!=	不等于

④ 条件表达式：表达式是由任意合适的常量、变量和操作符相连接而组成的式子，这个式子可以得出一个唯一值。条件表达式的基本语法是：

```
(条件)?A: B
```

若条件的结果为真，则表达式的结果为 A，否则为 B。

文件范例：

```
<html>
<head>
  <title>条件表达式</title>
</head>
<body>
  <script language="javascript">
   <!--
     a=(10>8)?"hu":"song";
     b=(10<8)?"hu":"song";
     document.write(a);
     document.write("<br>");
     document.write(b);
   -->
  </script>
</body>
</html>
```

文明说明：

10>8 成立，取 hu；10<8 不成立，取 song。所以输出的结果为 hu 和 song。

显示结果：

图 5-1-5 所示为条件表达式的运行结果。

图 5-1-5　条件表达式的运行结果

（4）基本程序语句。

可以使用 JavaScript 所提供的语句在网页中实现很多交互性的功能。JavaScript 所提供语句可以分为以下几大类：

- 变量声明：var；
- 函数定义语句：function、return；
- 条件和分支语句：if...else、switch；
- 循环语句：for、for...in、do...while、break 和 continue；
- 对象操作语句：new、this 和 with；
- 注释语句：//或/*...*/。

① if 语句。

基本语法：

```
if(条件)
{
  执行语句
}
else
{
  执行语句
}
```

语法解释：

如果其中的条件成立，则程序执行相应的语句。

文件范例：

```
<html>
<head>
  <title>If 语句</title>
</head>
<body>
  <script language="javascript">
   <!--
    hour=13;
    if(hour<12)
      document.write("Good morning");
    else if(hour<18)
      document.write("Good afternoon");
    else
      document.write("Good evening");
```

```
     -->
   </script>
</body>
</html>
```

文件说明：

将变量 hour 赋值为 13，然后进行不同的判断，得出成立条件 hour<18，因此，输出 Good afternoon。

显示结果：

图 5-1-6 所示为 if 语句的运行结果。

图 5-1-6　if 语句的运行结果

② for 语句。

基本语法：

```
for(初始化部分;条件部分;更新部分)
{
  语句块
}
```

语法解释：

实现条件循环，当条件成立时，执行语句集，否则跳出循环体。

文件范例： 在脚本中使用 for 循环语句。

```
<html>
<head>
  <title>for 语句</title>
</head>
<body>
  <script language="javascript">
    <!--
      sum=0;
      for(i=0;i<6;i++)
      sum+=3;
      document.write(sum);
    -->
  </script>
</body>
</html>
```

文件说明：

进行了变量 i 的 6 次循环，进行了 6 次相加，因此，最终的值为 18。

显示结果：

图 5-1-7 所示为 for 语句的运行结果。

图 5-1-7　for 语句的运行结果

③ switch 语句。

基本语法：

```
switch(expression){
  case label 1:
    语句块 1
  case label 2:
    语句块 2
  …
  default:
    语句块 N
}
```

语法解释：

每一个 label 标记都必须在程序中由 expression 表达式的一个或是多个可能的值代入。

文件范例： 在脚本中使用 switch 语句。

```html
<html>
<head>
  <title>Switch 语句</title>
</head>
<body>
  <script language="javascript">
  <!--
    for(i=1;i<=10; ++i)
    {
    switch(i)
    {
      case 1:
        val="one";
        break;
      case 2:
        val="two";
        break;
      case 3:
        val="three";
        break;
      case 4:
        val="four";
        break;
```

```
        case 5:
          val="five";
          break;
        case 6:
          val="six";
          break;
        case 7:
          val="seven";
          break;
        case 8:
          val="eight";
          break;
        case 9:
          val="nine";
          break;
        case 10:
          val="ten";
          break;
          default:
          val="unknown"
        }
        document.writeln(val+"<br>");
      }
    //-->
  </script>
</body>
</html>
```

文件说明：

for语句，实现变量i值1～10的循环，后面使用switch语句，以换行的形式显示程序结果。

显示结果：

图5-1-8所示为switch语句的运行结果。

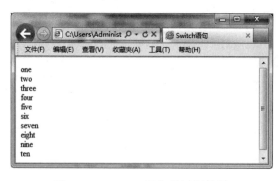

图5-1-8 switch语句的运行结果

④ do...while语句。

基本语法：

```
do
{
  语句块；
```

```
}
 while(条件)
```

语句解释：

执行的情况是：首先执行语句块，然后判断条件是否成立，所以 do...while 循环至少执行一次。

文件范例： 在脚本中使用 do...while 语句。

```
<html>
<head>
  <title>Do...while 语句</title>
</head>
<body>
  <script language="javascript">
    <!--
      i=0;
      do
      {
      ++i;
      document.write("<H"+i+">this is a level "+i+" heading."+"</H"+i+">");
      }
      while(i<6)
    //-->
  </script>
</body>
</html>
```

文件说明：

在此输出了 H1～H5 的标记。

显示结果：

图 5-1-9 所示为 do...while 语句的运行结果。

图 5-1-9　do...while 语句的运行结果

⑤ break 语句。

基本语法：

```
break;
```

语法解释：

break 语句的作用是结束当前循环，并把程序的控制权交给循环的下一条语句。

文件范例： 在脚本中使用 Break 语句。

```html
<html>
<head>
  <title>Break 语句</title>
</head>
<body>
  <script language="javascript">
    <!--
      for(i=1;i<100;i++)
      {
        document.write(i+"<br>");
        if(i%17==0)
        break;
      }
    //-->
  </script>
</body>
</html>
```

文件说明：

当循环到能被 17 整除时自动跳出整个循环，所以只输出 1～17。

显示结果：

图 5-1-10 所示为 break 语句的运行结果。

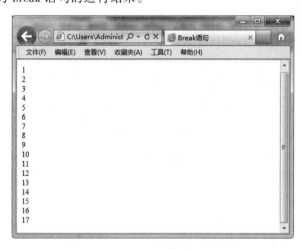

图 5-1-10　break 语句的运行结果

⑥ continue 语句。

基本语法：

```
continue;
```

语法解释：

continue 语句是结束当前的某一次循环，但是并没有跳出整个循环。

文件范例： 在脚本中使用 continue 语句。

```
<html>
<head>
  <title>Continue 语句</title>
</head>
<body>
  <script language="javascript">
    <!--
      for(i=1;i<100;i++)
      {
      document.write(i+"<br>");
      if(i%17==0)
        continue;
      }
    //-->
  </script>
</body>
</html>
```

文件说明:

当循环到能被 17 整除时不能跳出整个循环,所以输出 1~99。

显示结果:

图 5-1-11 所示为 continue 语句的运行结果。

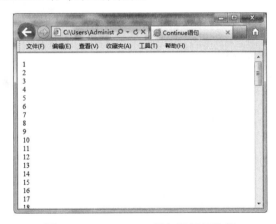

图 5-1-11　continue 语句的运行结果

（5）函数。

函数为程序设计人员提供了方便,在进行复杂的程序设计时,通常是根据所要完成的功能,将程序划分为一些相对独立的部分,每部分编写一个函数。从而使各部分充分独立,任务单一,程序清晰、易懂、易读、易维护。

函数是拥有名字的一系列 JavaScript 语句的有效组合。只要这个函数被调用,就意味着这一系列 JavaScript 语句按顺序被解释执行。一个函数可以有自己的内部使用的参数。

函数还可以用来将 JavaScript 语句同一个 Web 页面相连接。用户的任何一个交互动作都会引起一个事件,通过适当的 HTML 标记,可以间接地引起一个函数的调用。这样的调用也称为事件处理。

① 定义函数：定义一个函数和调用一个函数是两个截然不同的概念。定义一个函数只是让浏览器知道有这样一个函数。而只有在函数被调用时，其代码才真正被执行。

基本语法：

```
function 函数名称(参数表)
{
    函数执行部分:
    Return 表达式;
}
```

语法解释：

Return 语句指明由函数返回的值。Return 语句是函数内部和外部相互交流和通信的唯一途径。

可以在某事件发生时直接调用函数（如用户单击按钮时），并且可由 JavaScript 在任何位置进行调用（JavaScript 区分大小写。关键词 function 必须是小写的，并且必须以与函数名称相同的大小写来调用函数）。

文件范例： 在脚本中定义函数。

```
<html>
<head>
  <title>在脚本中定义函数</title>
<script language="javascript">
    <!--
      function displayTaggedText(tag,text)
      {
        document.write("<"+tag+">");
        document.write(text);
        document.write("</"+tag+">");
      }
    //-->
  </script>
</head>
<body>
  <script language="javascript">
    <!--
      displayTaggedText("H1","this is a level1 heading");
      displayTaggedText("p","this is a paragraph");
    //-->
  </script>
</body>
</html>
```

文件说明：

这里定义了一个函数，这个函数没有返回值。每次调用会将相应的内容显示到浏览器上。

显示结果：

图 5-1-12 所示为定义函数的运行结果。

图 5-1-12 定义函数的运行结果

② 调用函数：使用 Return 语句可以将得到的函数值返回，只要用函数名对一个变量赋值即可得到函数值。

文件范例 1： 在脚本中调用函数。

```html
<html>
<head>
  <title>使用函数</title>
  <script language="javascript">
    <!--
    function f(y)
    {
      var x=y*y;
      return x;
    }
    //-->
  </script>
</head>
<body>
  <script language="javascript">
    <!--
    x=3;
    y=f(x);
    document.write(y);
    -->
  </script>
</body>
</html>
```

文件说明：

函数的功能是进行算术的平方并返回值；给变量 x 赋值为 3，第 18 行调用函数，函数值赋给 y，将 y 值输出。

显示结果：

图 5-1-13 所示为调用函数的运行结果。

图 5-1-13 调用函数的运行结果

调用带参数的函数：在调用函数时，可以向其传递值，这些值被称为参数，这些参数可以在函数中使用，可以发送任意多的参数，由逗号分隔。

基本语法：

```
function myFunction(var1,var2)
{
    这里是要执行的代码
}
```

语法解释：

当声明函数时，请把参数作为变量来声明，变量和参数必须以一致的顺序出现。第一个变量就是第一个被传递的参数的给定的值，依此类推。

文件范例 2：在脚本中调用带参数函数。

```
<html>
<body>
  <p>单击这个按钮，来调用带参数的函数。</p>
  <button onclick="myFunction('Bill Gates','CEO')">单击这里</button>
  <script>
    function myFunction(name,job)
    {
      alert("Welcome " + name + ", the " + job);
    }
  </script>
</body>
</html>
```

显示结果：

图 5-1-14 所示为调用带参数函数的运行结果。

图 5-1-14 调用带参数函数的运行结果

（6）JavaScript 的事件。

JavaScript 是基于对象（object-based）的语言。而基于对象的基本特征，就是采用事件驱动（event-driven）。它是在图形界面下，使得一切输入变化简单化。通常鼠标或热键的动作称之为事件（event），而由鼠标或热键引发的一连串程序的动作，称之为事件驱动（event driver）。对事件进行处理的程序或函数，称之为事件处理程序（event handler）。

JavaScript 的事件主要有下面两个作用：

- 验证用户输入窗体的数据；
- 增加页面的动感效果。

一般来说，利用 JavaScript 实现交互功能的 Web 页面通常有三部分内容：

- 在 Head 部分定义 JavaScript 函数，其中有一些可能是事件处理函数，另外一些可能是为了配合这些事件处理函数而编写的普通函数。
- HTML 本身的各种控制标记。
- 拥有句柄属性的 HTML 标记，主要涉及一些界面元素。这些元素可以将 HTML 与 JavaScript 代码相连。

为了理解 JavaScript 的事件处理模型，可以设想一下在一个 Web 页面中可能会遇到怎样的用户响应。归纳起来，必须使用的事件主要有三大类。

一类是引起页面之间跳转的事件，主要是超链接事件；再一类是浏览器自己引起的事件，如网页的装载、表单的提交等；另一类事件是在表单内部同界面对象的交互，包括页面对象的选定、改变等。可以按照应用程序的具体功能自由设计。下面主要介绍一些常用事件的处理。

① onClick 事件：单击事件是最常见的事件之一，当用户单击时，触发 onClick 事件。同时 onClick 指定的事件处理程序或代码将被调用执行。

文件范例：在脚本中使用 onClick 事件。

```
<html>
<head>
  <title>OnClick 事件</title>
</head>
<body>
  <form>
    <Input type="button" Value="请单击我" onClick=alert("你好！")>
  </form>
</body>
</html>
```

文件说明：

触发 onClick 事件弹出提示对话框。

显示结果：

图 5-1-15 所示为单击按钮后弹出提示对话框的结果。

② onChange 事件：onChange 事件即当文本框的内容改变时发生的事件。

文件范例：在脚本中使用 onChange 事件。

```
<html>
<head>
  <title>OnChange 事件</title>
</head>
```

图 5-1-15　单击按钮后的页面效果

```
<body>
  <form>
    <Input type="text" name="Test" value="Test" onChange=alert("TextBox 值
发生了变化！")>
  </form>
</body>
</html>
```
文件说明：
当文本框内容发生改变的时候，触发 onChange 事件，弹出警告提示对话框。
显示结果：
图 5-1-16 所示为当文本框内容发生改变后弹出警告提示对话框的结果。

图 5-1-16　文本框内容发生改变后的页面效果

③ onSelect 事件：onSelect 事件即当文本框的内容被选中时发生的事件。
文件范例：在脚本中使用 onSelect 事件。
```
<html>
<head>
  <title>OnSelect 事件</title>
```

```
</head>
<body>
  <form>
    <Input type="text" name="Test" value="Test" onSelect=alert("我被选中了! ")>
  </form>
</body>
</html>
```

文件说明：

使用 onSelect 事件，当文本框中内容被选中时候触发 onSelect 事件，弹出警告提示对话框。

显示结果：

图 5-1-17 所示为当文本框内容被选中时弹出警告提示对话框的结果。

图 5-1-17　文本框内容被选中时的页面效果

④ onFocus 事件：onFocus 事件即当光标落在文本框中时发生的事件。

文件范例： 在脚本中使用 onFocus 事件。

```
<html>
<head>
  <title>OnFocus 事件</title>
</head>
<body>
  <form>
    <input type="text" name="Test1" value="Test1">
    <input type="text" name="Test2" value="Test2" onFocus=alert("我成为了输
入焦点! ")>
  </form>
</body>
</html>
```

文件说明：

当选中第二个文本框时触发 onFocus 事件，弹出警告提示对话框。

显示结果：

图 5-1-18 所示为当光标落到文本框中时弹出警告提示对话框的结果。

图 5-1-18　当光标落到文本框中时的页面效果

⑤ onLoad 事件：onLoad 事件是指当前的网页打开时发生的事件。

文件范例： 在脚本中使用 onLoad 事件。

```
<html>
<head>
  <title>OnLoad 事件</title>
</head>
<body onLoad=alert("正在载入！")>
  <form>
  </form>
</body>
</html>
```

文件说明：

使用 onLoad 事件，当打开网页时触发 onLoad 事件，弹出一个警告提示对话框。

显示结果：

图 5-1-19 所示为当打开网页时弹出警告提示对话框的结果。

图 5-1-19　当打开网页时的页面效果

⑥ onUnload 事件：onUnload 事件是指当前的网页被关闭时发生的事件。

文件范例： 在脚本中使用 onUnload 事件。

```html
<html>
<head>
  <title>OnUnLoad 事件</title>
</head>
<body onUnLoad=alert("欢迎再来！")>
  <form>
  </form>
</body>
</html>
```

文件说明：

当关闭网页时触发 onUnload 事件，弹出一个警告提示对话框。

显示结果：

图 5-1-20 所示为当关闭网页时弹出警告提示对话框的结果。

图 5-1-20　当关闭网页时的页面效果

⑦ onBlur 事件：onBlur 事件即当光标离开文本框时发生的事件。

文件范例： 在脚本中使用 onBlur 事件。

```html
<html>
<head>
  <title>OnBlur 事件</title>
</head>
<body>
  <form>
    <input type="text" name="Test1" value="Test1">
    <input type="text" name="Test2" value="Test2" onBlur=alert("我失去了输入焦点！")>
  </form>
</body>
</html>
```

文件说明：

当光标离开第二个文本框时触发 onBlur 事件，弹出一个警告提示对话框。

显示结果：

图 5-1-21 所示为当文本框失去光标时弹出警告提示对话框的结果。

图 5-1-21　当文本框失去光标时的页面效果

⑧ onMouseOver 事件：onMouseOver 事件是指当鼠标移动到页面元素上方时发生的事件。

文件范例： 在脚本中使用 onMouseOver 事件。

```
<body>
  <marquee onMouseOver=this.stop()>滚动新闻</Marquee>
</body>
```

文件说明：

当鼠标指向滚动文字的时候触发 onMouseOver 事件。

显示结果：

图 5-1-22 所示为当鼠标指向滚动文字时，滚动文字自动停止的效果。

图 5-1-22　当鼠标指向滚动文字时的页面效果

⑨ onMouseOut 事件：onMouseOut 事件是指当鼠标离开页面元素上方时发生的事件。

文件范例：在脚本中使用 onMouseOut 事件。

```
<html>
<head>
  <title>onMouseOut 事件</title>
</head>
<body>
  <marquee onMouseOver=this.stop() onMouseOut=this.start()>滚动新闻</marquee>
</body>
</html>
```

文件说明：

当鼠标离开滚动文字的时候触发 onMouseOut 事件。

显示结果：

图 5-1-23 所示为当鼠标离开滚动文字时，滚动文字继续开始滚动的效果。

图 5-1-23　鼠标离开滚动文字时的页面效果

⑩ onDblClick 事件：当用户双击时产生 onDblClick 事件，同时 onDblClick 指定的事件处理程序或代码将被调用执行。

文件范例：在脚本中使用 onDblClick 事件。

```
<html>
<head>
  <title>onDblClick 事件</title>
</head>
<body>
  <form>
    <Input type="button" Value="请双击我" onDblClick=alert("你好！")>
  </form>
</body>
</html>
```

文件说明：

触发 **onDblClick** 事件弹出警告提示对话框。

显示结果：

图 5-1-24 所示为双击按钮后弹出警告提示对话框的结果。

图 5-1-24　双击按钮后的页面效果

⑪ 其他常用事件：在 JavaScript 脚本中，其他的常用事件如表 5-1-4 所示。

表 5-1-4　常用事件

事　件	描　述
onAbort 事件	当页面上的图像没完全下载时，访问者单击浏览器的"停止"按钮触发的事件，适用于 Internet Explorer 等浏览器
onAfterUpdate 事件	页面特定数据元素完成更新的事件，适用于 Internet Explorer 等浏览器
onBeforeUpdate 事件	页面特定数据元素被改变且失去焦点的事件，适用于 Internet Explorer 等浏览器
onBounce 事件	移动的 Marquee 文字到达移动区域边界的事件，适用于 Internet Explorer 等浏览器
onError 事件	页面或页面图像下载出错事件，适用于 Internet Explorer 等浏览器
onFinish 事件	移动的 Marquee 文字完成一次移动的事件，适用于 Internet Explorer 等浏览器
onHelp 事件	单击浏览器的"帮助"按钮的事件，适用于 Internet Explorer 等浏览器
onKeyDown 事件	按下键盘上一个或几个键的事件，适用于 Internet Explorer 等浏览器
onKeyPress 事件	按下键盘上一个或几个键且释放的事件，适用于 Internet Explorer 等浏览器
onKeyUp 事件	按下键盘上一个或几个键后释放的事件，适用于 Internet Explorer 等浏览器
onMouseDown 事件	按下鼠标左键的事件，适用于 Internet Explorer 等浏览器
onMouseMove 事件	鼠标在某页面元素范围内移动的事件，适用于 Internet Explorer 等浏览器
onMouseUp 事件	松开鼠标按键的事件，适用于 Internet Explorer 等浏览器
onMove 事件	窗口或窗框被移动的事件，适用于 Internet Explorer 等浏览器

续表

事　件	描　　述
onReadyStateChange 事件	特定页面元素状态被改变的事件，适用于 Internet Explorer 等浏览器
onReset 事件	页面上表单元素的值被重置的事件，适用于 Internet Explorer 等浏览器
onResize 事件	访问者改变窗口或窗框大小的事件，适用于 Internet Explorer 等浏览器
onScroll 事件	使用滚动条的事件，适用于 Internet Explorer 等浏览器
onStart 事件	Marquee 文字开始移动的事件，适用于 Internet Explorer 等浏览器
onSubmit 事件	页面上表单被提交的事件，适用于 Internet Explorer 等浏览器

技能训练

熟悉 JavaScript 基本语法，练习 JavaScript 脚本的编写。

任务完成

（1）设计表单页面，包括两个文本框（让用户输入任意两个数字）和一个按钮控件。

（2）编写 JavaScript 脚本，求两个数的和，单击"计算"按钮控件，弹出消息窗口并显示求和结果。

（3）在浏览器端访问测试。

评　价

任务完成评价表					
职业能力	内　　　容		评　　　价		
	能力目标	评价项目	3	2	1
	站点发布	能按要求设计任务界面			
		能正确编辑脚本，实现目的要求			
		能选择恰当的对象、事件			
通用能力	欣赏能力				
	独立构思能力				
	解决问题的能力				
	自我提高的能力				
	组织能力				
综合评价					

思考与练习

1. 试说明在网页中嵌入 JavaScript 的目的和意义。

2. 编写简单的 JavaScript 脚本，调试并解释执行过程。

任务二　弹出式菜单设计

任务描述

网站建设基本完成后，小张发现自己设计的一些网页中的导航菜单占据了页面的很大版面，为了有效利用版面空间，并且增强页面的显示效果，小张打算通过设计弹出式菜单解决这个问题。本任务将详细描述如何在 HTML 页面中通过 JavaScript 脚本和 CSS 规则进行弹出式菜单设计。

任务分析

弹出式菜单是网页设计中经常使用的一种技术，其设计思想主要是利用 CSS 建立菜单区域，设置其隐藏属性，然后通过 JavaScript 判断鼠标动作，当事件发生时，触发相应的 JavaScript 函数，控制菜单区域的显示或隐藏。

方法与步骤

（1）单击"开始"｜"程序"｜"附件"｜"记事本"命令，打开记事本程序。
（2）在记事本中输入如下 HTML 代码：

JavaScript 弹出式菜单设计

```html
<html>
<head><title>弹出式菜单</title>
  <script language=javascript>
    <!--
      function mouseout()
      {
        if(window.event.toElement.id!="menu"&&window.event.toElement.id!="link")
          menu.style.visibility="hidden";
      }
      function mouseout1()
      {
        if(window.event.toElement.id!="menu1"&&window.event.toElement.id!
        = "link")
          menu1.style.visibility="hidden";
      }
    -->
  </script>
</head>
<body>
  <div id="back" onmouseout="mouseout()" style="position:absolute; top:50;
  left:110;width:400;height:40;z-index:1;visibility:visib ;">
    <span id="menubar"  onmouseover="menu.style.visibility='visible'">
    <font  color=red size=3>公司概况</span>
    <div  border=1   id="menu"  style="position:absolute;top:16px;left:0;
width: 80px;height:32px;z-index:2;visibility:hidden;">
    <a id="link" href="gsjj.htm">公司简介</a>
    <a id="link" href="zzjg.htm">组织机构</a>
```

```
    <a id="link" href="zzry.htm">资质荣誉</a>
    <a id="link" href="cply.htm">产品领域</a>
    </div>
  </div>
  <div  id="back"  onmouseout="mouseout1()"style="position:absolute;top:50;
left: 200;width:400;height:40;z-index:3;visibility:visible;">
    <span id="menubar"  onmouseover="menu1.style.visibility='visible'">
    <font  color=red size=3>产品销售</span>
    <div border=1  id="menu1" style="position:absolute;top:15;left:0;
width: 72px;height:10;z-index:4;visibility:hidden;">
    <a id="link" href="cpzs.htm">产品展示</a>
    <a id="link" href="gqxx.htm">供求信息</a>
    <a id="link" href="yxwl.htm">营销网络</a>
    </div>
  </div>
</body>
</html>
```

（3）从记事本菜单中选择"文件"|"保存"命令，弹出"另存为"对话框。在对话框中选择保存位置，将文件命名为 popmenu.html，单击"保存"按钮。

（4）浏览刚刚创建的网页 popmenu.html，当鼠标移到"公司概况"或"产品销售"菜单区域时，弹出该菜单项对应的级联菜单，当鼠标移出菜单区域时，级联菜单自动隐藏，结果如图 5-2-1 所示。

图 5-2-1　弹出式菜单

 相关知识

JavaScript 的对象

面向对象的程序设计方法并不是一个新概念，它的历史可以追溯到 30 年前。目前，面向对象的设计方法被认为是一种比较成功和成熟的设计方法，广泛地应用在各种程序设计语言中。典型的面向对象的程序设计方法有以下三个特性：

- 封装性（encapsulation）：封装是面向对象的程序设计方法的一个重要的设计原则，也就是将对象中的各种属性和方法按照适当的安排，给定一组可以提供外部使用者访问的权限，从而保证使用者不会因为错误的、恶意的或者是非授权的对象内部细节的访问而影响对象甚至整个程序的各种行为。另外，如果这些对象的外部使用的方法和功能不发生改变，那么使用这些对象的程序也不会发生变化。
- 继承性（inheritance）：从一种对象类型引申到另外一种对象类型的主要的方法就是继承。这样，子对象就可以继承父对象所有已经定义好的属性和方法，而不必重新定义这些属性和方法。如果子对象有自己特有的属性和方法，可以在继承的时候单独定义。通过这样的操作，子对象就可以拥有一部分父对象的内容，并还可以拥有一部分自己独有的内容。
- 多态性（polymorphism）：随着基本对象类型以及各种继承对象类型的不断增加，对这些对象所拥有的各种方法进行管理就成为一个非常重要的问题。在传统的面向过程的语言中，一般不允许使用同样的名字命名一个函数或方法，即使这些函数的处理功能是相同的。在面向对象的程序设计中，由于各种方法所从属的对象本身就有一定的层次关系。对完成同样功能的方法，就可以用同样的名字。于是，大大简化了对象方法的调用过程。

JavaScript 是基于对象的（object-based），把复杂对象统一起来，从而形成一个非常强大的对象系统。JavaScript 实际上并不完全支持面向对象的程序设计方法。例如，它不支持分类、继承和封装等面向对象的基本特性。JavaScript 可以说是一种基于对象的脚本语言，它支持开发对象类型以及根据这些对象产生一定数量的实例。同时它还支持开发对象的可重用性，以便实现一次开发、多次使用的目的。

在 JavaScript 中可以使用以下几种对象：

- 由浏览器根据 Web 页面的内容自动提供的对象。
- JavaScript 内置的对象，如 Date、Math 以及 String。
- 用户自定义的对象。

浏览器对象是网页和浏览器本身各种实体元素在 JavaScript 程序中的体现。这样的浏览器对象主要包括以下几个：

- Navigator 对象：管理者当前使用浏览器的版本号、运行的平台以及浏览器使用的语言等信息。
- Window 对象：处于整个从属表的顶级位置。每一个 Window 对象代表一个浏览器窗口。
- Location 对象：含有当前网页的 URL 地址。
- Document 对象：含有当前网页的各种特性，如标题、背景以及使用的语言等。
- History 对象：含有以前访问过的网页的 URL 地址。
- Screen 对象：包含有关用户屏幕的信息。

使用浏览器的内部对象系统，可与 HTML 文档进行交互。它的作用是将相关元素组织包装起来，提供给程序设计人员使用，从而减轻程序员的负担，提高 Web 页面的设计效率。下面来介绍常用的浏览器对象。

（1）Navigator 对象。

Navigator 对象提供关于整个浏览器环境的信息，浏览器对象 Navigator 常用的属性有如下几个：

① AppName：提供字符串形式的浏览器名称。在使用 Navigator 时，AppName 的值为 NetScape；在使用 Internet Explorer 时，AppName 的值为 MSIE。

② AppVersion：反映浏览器的版本号。

③ AppCodeName：反映以字符串表示的当前浏览器的代码名字。对于 Navigator 的所有版本，这个值都是 Mozilla。

文件范例： 在脚本中使用 Navigator 对象。

```html
<html>
<head>
  <title>Navigator 对象</title>
</head>
<body>
  <script language="javascript">
   <!--
     document.write(" 你 使 用 的 是 "+navigator.appName+"<br>"+navigator.
appVersion)
   -->
  </script>
</body>
</html>
```

文件说明：

调用浏览器的名称和版本号。

显示结果：

图 5-2-2 所示为在 Internet Explorer 浏览器中显示调用结果。

图 5-2-2　在 Internet Explorer 浏览器中显示调用结果

（2）Window 对象。

窗口对象包括许多实用的属性、方法和事件驱动程序，编程人员可以利用这些对象控制浏览器窗口显示的各个方面，如对话框、框架等。

下面列出一些常用 Window 对象的方法。

① Open（URL、windowName、parameterList）：Open 方法创建一个新的浏览器窗口，并在新窗口中载入一个指定的 URL 地址。

② Close()：关闭一个浏览器窗口。

③ Alert()：弹出一个消息框。

④ Confirm()：弹出一个确认框。

⑤ Prompt()：弹出一个提示框。

⑥ moveTo()：移动当前窗口。

⑦ resizeTo()：调整当前窗口的尺寸。

文件范例：在脚本中使用 Window 对象。

```
<html>
<head>
  <title>Window 对象</title>
</head>
<body>
  <script language="javascript">
    <!--
      window.open("9-1.htm", "newwindow", "height=400, width=400, top=100,
left=100,toolbar=no, menubar=no, scrollbars=no, resizable=no, location=no,
status=no")
    -->
  </script>
</body>
</html>
```

文件说明：

使用 Window 对象的 Open 方法打开 9-1.htm 页面，并设定了新窗口的名称、宽度、高度、位置及窗口属性。

显示结果：

图 5-2-3 所示为使用 Window 对象的显示结果，在主页面打开的同时，自动打开新窗口显示 9-1.htm 页面。

图 5-2-3　使用 Window 对象的页面效果

（3）Location 对象。

Location 对象是当前网页的 URL 地址，可以使用 Location 对象让浏览器打开某网页。

文件范例：在脚本中使用 Location 对象。

```
<html>
<head>
  <title>Location 对象</title>
</head>
<body>
  <form>
    <Input type="button" Value="请点击我" onclick="window.location.href='9-1.
htm';">
  </form>
</body>
</html>
```

文件说明：

使用 Location 对象，设定了打开页面的路径。

显示结果：

图 5-2-4 所示为使用 Location 对象的显示结果，当单击按钮后，会在窗口中打开 9-1.htm
页面。

图 5-2-4　使用 Location 对象打开的页面效果

（4）Document 对象。

在 Document 对象中主要包含 Links、Anchor、Form 等三个最重要的对象。

① Anchor 锚对象：Anchor 对象是指<a name=…></a>标识在 HTML 源码中存在时产生的对
象。它包含文档中所有的 anchors 信息。

② Links 链接对象：Link 对象是指用<a href=…></a>标记链接一个超文本或超媒体的元素作
为一个特定的 URL。

③ Form 窗体对象：窗体对象是文档对象的一个元素，它含有多种格式的对象储存信息，
使用它可以在 JavaScript 脚本中编写程序进行文字输入，并可以用来动态改变文档的行为。通
过 Document.Forms[]数组使得在同一个页面上可以有多个相同的窗体，使用 Forms[]数组要比使
用窗体名字方便得多。

文件范例：在脚本中使用 Document 对象。

```
<html>
<head>
```

```
    <title>Document 对象</title>
  </head>
  <body>
    <form>
      <input type=text onChange="document.my.elements[0].value=this.value;">
    </form>
    <form name="my">
      <input type=text onChange="document.forms[0].elements[0].value=this.value;">
    </form>
  </body>
</html>
```

文件说明：

使用窗体 my，使用窗体数组 Forms[]。

显示结果：

图 5-2-5 所示为使用 Document 对象的显示结果，当在第一个文本框中输入内容后，单击第二个文本框，在其中会出现和第一个文本框完全相同的内容。

图 5-2-5　使用 Document 对象的页面效果

（5）History 对象。

History 对象含有以前访问过的网页的 URL 地址。下面的范例即是使用这个对象来制作页面中的"前进"和"后退"按钮。

文件范例： 在脚本中使用 History 对象。

```
<html>
<head>
  <title>History 对象</title>
</head>
<body>
  <form>
    <input TYPE="button" value="后退" onClick="history.go(-1)">
    <input type="button" value="前进" onClick="history.go(1)">
  </form>
</body>
</html>
```

文件说明：

使用 history.go(-1)制作"后退"按钮，使用 history.go(1)制作"前进"按钮。

显示结果：

图 5-2-6 所示为使用 History 对象的显示结果。

图 5-2-6　使用 History 对象的页面效果

（6）Screen 对象。

Window Screen 对象包含有关用户屏幕的信息。其中，screen.availWidth 表示可用的屏幕宽度；screen.availHeight 表示可用的屏幕高度。

文件范例： 在脚本中使用 Screen 对象。

```
<html>
<body>
  <script>
    document.write("可用宽度: " + screen.availWidth);
  </script>
</body>
</html>
```

文件说明：

screen.availWidth 属性返回访问者屏幕的宽度，以像素为单位，减去界面特性，如窗口任务栏。

显示结果：

图 5-2-7 所示为使用 Screen 对象的显示结果。

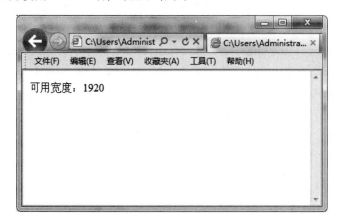

图 5-2-7　使用 Screen 对象的页面效果

（7）JavaScript 内置对象。

作为一种编程语言，JavaScript 提供了一些内置的对象和函数。内置对象提供编程的几种最常用的功能。JavaScript 内置对象有以下几种：

- String 对象：处理所有的字符串操作。
- Math 对象：处理所有的数学运算。
- Date 对象：处理日期和时间的存储、转化和表达。
- Array 对象：提供一个数组的模型，存储大量有序的数据。
- Event 对象：提供 JavaScript 事件的各种处理信息。

内置对象都有自己的方法和属性，访问的方法如下：

```
对象名.属性名称
对象名.方法名称(参数表)
```

① 时间对象：时间对象是 JavaScript 的内置对象，使用前必须先声明。

基本语法：

```
var curr=new Date();
```

注意这里的关键字 new 的用法，Date() 的首字母必须大写。

语法解释：

使用 new 来声明一个新的对象实体。使用 new 操作字符的语法如下：

```
实体对象名称=new 对象名称(参数列表)
```

Date 对象提供了以下三类方法：

- 从系统中获得当前的时间和日期。
- 设置当前时间和日期。
- 在时间、日期和字符串之间完成转换。

表 5-2-1 所示介绍了最常用的获得系统的时间和日期的方法。

表 5-2-1 Date 对象中处理时间和日期的方法

方 法 名 称	功 能 描 述
getDate	获得当前的日期
getDay	获得当前的天
getHours	获得当前的小时
getMinutes	获得当前的分钟
getMonth	获得当前的月份
getSeconds	获得当前的秒
getTime	获得当前的时间（毫秒为单位）
getTimeZoneOffset	获得当前的时区偏移信息
getYear	获得当前的年份

文件范例： 在脚本中使用时间对象。

```html
<html>
<head>
  <title>使用时间对象</title>
  <script language=javascript>
    var timestr,datestr;
    function clock()
    {
```

```
        now=new Date();
        hours=now.getHours();
        minutes=now.getMinutes();
        seconds=now.getSeconds();
        timestr=""+hours;
        timestr+=((minutes<10)?":0":":")+minutes;
        timestr+=((seconds<10)?":0":":")+seconds;
        document.clock.time.value=timestr;

        date=now.getDate();
        month=now.getMonth()+1;
        year=now.getYear();
        datestr=""+month;
        datestr+=((date<10)?"/0":"/")+date;
        datestr+="/"+year;
        document.clock.date.value=datestr;
        timer=setTimeout("clock()",1000);
      }
  </script>
</head>
<body onLoad=clock()>
  <form name=clock>
    time:
  <input type=text name=time size=8 value=""><br>
    DATE:
  <input type=text name=date size=8 value=""><br>
  </form>
</body>
</html>
```

文件说明：

定义函数，setTimeout("clock()",1000)语句的含义是每隔 1000ms 调用 clock()一次，这样时钟就可以走了。

显示结果：

图 5-2-8 所示为使用时间对象的显示结果。

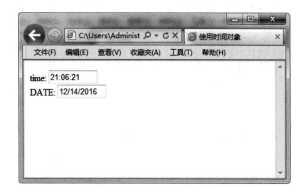

图 5-2-8　使用时间对象的页面效果

② 数学对象：内置的 Math 对象可以用来处理各种数学运算。其中，定义了一些常用的数学常数，如圆周率 PI=3.1415926 等。各种运算被定义为 Math 对象的内置方法，可以直接调用。

基本语法：

```
Math.数学函数(参数)
```

或者

```
with(math)
{
  数学函数
}
```

语法解释：

With 语句提供了一种简单清晰的方法来表达其属性与方法之间的关系。简单地说，在 with 与语句的作用范围之内，凡是没有指出对象的属性和方法，都是指默认的对象。这个默认的对象在 with 语句的开头给出。使用 with 语句的语法如下：

```
with(对象名称)
{
  语句块
}
```

文件范例： 在脚本中使用数学对象。

```html
<html>
<head>
  <title>使用数学对象</title>
</head>
<body>
  <script language="javascript">
    a=Math.sin(1);
    document.write(a)
  </script>
</body>
</html>
```

文件说明：

使用 Math 对象计算弧度为 1°的角的 sin 值。

显示结果：

图 5-2-9 所示为使用数学对象的显示结果。

图 5-2-9　使用数学对象的页面效果

③ 字符串对象：一般使用 String 对象提供的函数来处理字符串。String 对字符串的处理主要提供了下列方法。

- charAt(idx)：返回指定位置处的字符。
- indexOf(chr)：返回指定子字符串的位置，从左到右。找不到返回–1。
- lastIndexOf(chr)：返回指定子字符串的位置，从右到左。找不到返回–1。
- toLowerCase()：将字符串中的字符全部转化成小写。
- toUpperCase()：将字符串中的字符全部转化成大写。

文件范例：在脚本中使用字符串对象。

```html
<html>
<head>
  <title>使用字符串对象</title>
</head>
<body>
  <script language="javascript">
    var mystring="I am husong"
    a=mystring.charAt(7)
    b=mystring.indexOf("am")
    document.write(a)
    document.write("<br>")
    document.write(b)
  </script>
</body>
</html>
```

文件说明：

使用 String 对象的 charAt 方法得到字母"s"，使用 String 对象的 indexOf 方法得到指定字符串 am 的位置。

显示结果：

图 5-2-10 所示为使用字符串对象的显示结果。

图 5-2-10　使用字符串对象的页面效果

④ 数组对象：基本上所有的编程语言都提供数组对象，数组将同类的数据组织在一起，访问起来非常方便而且高效。JavaScript 和 C 语言一样，数组的下标是从 0 开始的。创建数组后，可以用 [ ] 符号访问数组中的单个元素。

文件范例：在脚本中使用数组对象。

```
<html>
<head>
  <title>使用数组对象</title>
</head>
<body>
  <script language="javascript">
    var my_array=new Array();
    for(i=0;i<10;i++)
    {
      my_array[i]=i;
    }
    x=my_array[4];
    document.write(x)
  </script>
</body>
</html>
```

文件说明：

由于数组的下标是从 0 开始的，本例是访问数组的第 5 个元素。该元素中保存的值是 4。

显示结果：

图 5-2-11 所示为使用数组对象的显示结果。

图 5-2-11　使用数组对象的页面效果

拓展与提高

用户自定义对象

目前在 JavaScript 中，已经存在一些标准的对象，如 Date、Array、String、Math、Number 等，这为编程提供了许多方便。但对于复杂的客户端程序而言，这些还远远不够。在 JavaScript 中，用户可以创建自己的对象。

创建对象需要以下三个步骤：

① 定义一个构造说明对象的各种属性，以及对属性进行初始化；

② 创建对象的方法；

③ 使用 new 语句创建这个对象的实例。

自定义对象的访问方法与内置对象一样：

对象实例名.属性

对象实例名.方法

文件范例：

```
<html>
<head>
  <script language="javascript">
    function printcolor()
    {
      document.write("this apple's color is "+this.color+"<br>");
    }

    function printsize()
    {
      document.write("this apple's size is "+this.size+"<br>");
    }

    function apple(tcolor,tsize)
    {
      this.color=tcolor;
      this.size=tsize;
      this.pcolor=printcolor;
      this.psize=printsize;
    }
    var apple1=new apple("red","big");
    var apple2=new apple("green","small");
    apple1.pcolor();
    apple1.psize();
    apple2.pcolor();
    apple2.psize();
  </script>
</head>
<body>
</body>
</html>
```

文件中定义了一个自定义对象 apple，这里的 this 指的是当前的对象。该对象包含两个处理方法：printcolor 和 printsize。所谓的方法就是一个函数，与普通函数的区别是：方法依附于一个对象，即方法就是属于一个对象自己的函数，方法的定义过程和普通函数没有本质区别，唯一不同在于定义一个对象的方法，除了定义函数外，还必须在适当的地方将方法与对象联系起来，让 JavaScript 的解释器知道每个方法究竟属于哪一个对象。运行结果如图 5-2-12 所示。

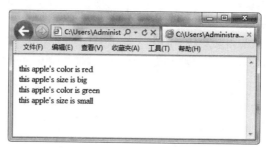

图 5-2-12   自定义对象的运行结果

技能训练

熟悉 JavaScript 语法，练习 JavaScript 中对象的使用。

任务完成

（1）设计登录页面，包括用户名输入框、密码框和"确定"按钮。

（2）使用 JavaScript 验证用户名是否为 admin，密码是否为 admin。

（3）如果用户名、密码正确，跳转到站点主页，如果错误则返回登录页面。

（4）在浏览器端访问测试。

评 价

任务完成评价表					
职业能力	内　　　容		评　　　价		
	能力目标	评价项目	3	2	1
	站点发布	能使用 JavaScript 脚本正确验证表单数据			
		能根据验证结果实现不同的页面跳转			
		能恰当选择对象、事件			
通用能力	欣赏能力				
	独立构思能力				
	解决问题的能力				
	自我提高的能力				
	组织能力				
综合评价					

思考与练习

1．思考静态网页设计中 HTML、CSS、JavaScript 之间的关系。

2．思考 JavaScript 脚本在 B/S 结构中的哪一端执行。

3．思考在网页中执行 JavaScript 脚本的方法。

实训　表单数据验证

1. 实训目的

（1）掌握 JavaScript 的基本语法。

（2）掌握利用 JavaScript 脚本验证表单数据的方法。

2. 软件环境

Windows XP/7、IIS。

JavaScript 表单验证

3. 实训内容

利用本单元所学习的 JavaScript 技术，对用户在表单界面中输入的数据进行验证，如果输入有误，显示提示信息，具体要求如下：

（1）对客户姓名进行验证，如果没有输入，显示提示信息，效果如图 5-3-1 所示；

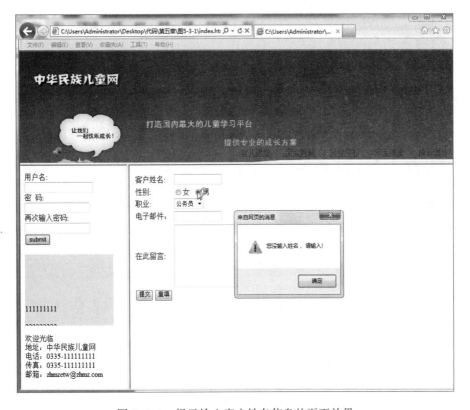

图 5-3-1　提示输入客户姓名信息的页面效果

（2）对 E-mail 地址进行验证，如果格式有误，显示提示信息，光标返回"电子邮件"文本框，效果如图 5-3-2 所示。

> 🖙 **重点提示**：参考代码仅验证客户姓名是否为空与电子邮件地址是否为空或不包含"@"或"."两项，大家可参考范例，定义完整验证规则。

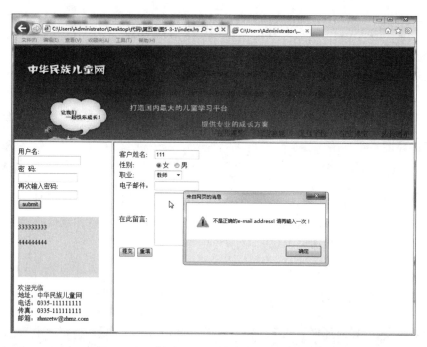

图 5-3-2　提示 E-mail 格式有误的页面效果

参考代码：

```html
<html>
<head>
  <link rel=stylesheet href=1.css type=text/css>
  <script language="JavaScript">
  <!--
    function test1()
    {
      if (this.form1.text1.value=="")
      {
        alert("您没输入姓名，请输入!");
        this.form1.text1.focus();
        this.form1.text1.select();
      }
    }

    function test2()
    {
      if(this.form1.mail.value==""||form1.mail.value.indexOf('@',
      1)==-1||form1.mail.value.indexOf('.', 1)==-1)
      {
        alert("不是正确的e-mail address! 请再输入一次 !");
          this.form1.mail.focus();
        his.form1.mail.select();
      }
    }
  -->
```

```
  </script>
</head>
<body>
  <form action="mailto:xdsm@xdsm.com" method="get" name="form1">
    <table border=0>
    <tr><td>客户姓名：
      <td colspan=4 valign=middle><input type="text"    name="text1"
value="" size=12 maxlength=18 onBlur="test1()">
      <tr><td>性别：
        <td colspan=4><input type="radio" name="sex" value="1" checked>女
<input type="radio" name="sex" value="2">男
      <tr><td>职业:<td colspan=4><select name="job" size="1">
        <option value="a">公务员</option>
        <option value="b">教师</option>
        <option value="3">工人</option>
        <option value="e">农民</option>
        </select>
      <tr><td>电子邮件：<td colspan=4><input type="text"    name="mail"
value="" size=12 maxlength=15 onBlur="test2()">
      <tr><td>在此留言:<td colspan=4><textarea   name="note"   rows="8"
cols="45"> </textarea>
      <tr><td align=left valign=middle><input type="submit" name="send"
value="提交">
    <input type="reset" name="clear" value='重填'></td></tr></table></form>
</body>
</html>
```

4. 评价

实训评价表					
	内　　　容		评　　　价		
	能力目标	评价项目	3	2	1
职业能力	JavaScript 基本语法	能熟练使用 JavaScript 基本语法			
		能编辑 JavaScript 脚本			
	JavaScript 应用	能根据需要选择恰当的事件			
		能正确定义、调用函数			
通用能力	欣赏能力				
	独立构思能力				
	解决问题的能力				
	自我提高的能力				
	组织能力				
综合评价